Mehera Ben Marzouk

Estudo computacional da geometria de permutadores de calor impressos em circuito

Mehera Ben Marzouk

Estudo computacional da geometria de permutadores de calor impressos em circuito

ScienciaScripts

Imprint

Cover image: www.ingimage.com

This book is a translation from the original published under ISBN 978-3-659-87690-5.

Publisher:
Sciencia Scripts
is a trademark of
Dodo Books Indian Ocean Ltd. and OmniScriptum S.R.L publishing group

120 High Road, East Finchley, London, N2 9ED, United Kingdom
Str. Armeneasca 28/1, office 1, Chisinau MD-2012, Republic of Moldova, Europe
Managing Directors: Ieva Konstantinova, Victoria Ursu
info@omniscriptum.com

Printed at: see last page
ISBN: 978-620-8-61597-0

Índice:

Capítulo 1 5

Capítulo 2 5

Capítulo 3 7

Capítulo 4 14

Capítulo 5 22

Estudo computacional sobre
Permutador de calor com circuito impresso
geometria

Meher Ben Marzouk
Relatório de estágio de investigação

RESUMO

A. INGLÊS

Este estágio de investigação teve lugar no departamento de Engenharia Física da Universidade de Wisconsin-Madison. Durante mais de três meses, foi efectuado um estudo computacional exaustivo do escoamento de CO2 supercrítico (s-CO2) através de uma nova geometria de permutador de calor de circuito impresso (PCHE). O estudo investigou a geometria das alhetas do aerofólio em condições de alta pressão e temperatura, que são as condições de funcionamento dos reactores nucleares no futuro próximo. Em primeiro lugar, foi estudada a utilidade do ciclo Brayton s-CO2 e os recentes desenvolvimentos na conceção do PCHE. Além disso, foi desenvolvido e avaliado um modelo numérico, comparando os resultados previstos com os dados experimentais recolhidos num estudo anterior realizado no mesmo departamento há alguns anos. As experiências investigaram o fluxo de s-CO2 perto do ponto crítico. Dada a variabilidade das propriedades do escoamento e a incerteza experimental, as variáveis de transferência de calor foram previstas dentro de um intervalo de erro satisfatório de ±20%. No entanto, o desempenho hidráulico não foi previsto com exatidão, provavelmente devido à negligência total dos efeitos de fronteira no modelo de simulação. Além disso, os resultados da simulação foram adequados às formas de correlação conhecidas: Dittus-Boelter para a transferência de calor e Petukhov para a queda de pressão. Foram propostas correlações de lei de potência mais exactas. Por último, foi investigado o efeito da inclinação lateral e não foi detectado qualquer impacto significativo.

B. FRANCÊS

Esta fase de investigação decorreu no seio do departamento de Engenharia Física da Universidade de Wisconsin-Madison. Durante mais de três meses, foi efectuado um estudo aprofundado sobre o CO2 supercrítico (s-CO2) explorado numa nova gama de permutadores térmicos do tipo "Printed-Circuit Heat Exchangers". Foi efectuada uma revisão do interesse do ciclo de Brayton em s-CO2 e dos últimos avanços realizados no domínio da conceção de CPHEs. Além disso, foi efectuado um estudo numérico centrado na geometria "aerofólio" dos aerogeradores para condições elevadas de temperatura e pressão, que são as condições de funcionamento previstas para os primeiros reactores nucleares da próxima geração. No âmbito deste estudo, a fiabilidade do modelo numérico utilizado foi testada através da simulação de casos estudados experimentalmente no mesmo departamento. Este estudo experimental anterior foi efectuado na proximidade do ponto crítico. Tendo em conta a grande variabilidade das propriedades físicas do fluido nesta zona e a incerteza experimental, um erro de ±20% em relação aos dados experimentais foi considerado encorajador para o modelo considerado. No entanto, as previsões dos efeitos de perda de carga não obtiveram o mesmo sucesso, sem dúvida devido à falta de clareza dos efeitos de borda. Por outro lado, os resultados da simulação foram confrontados com correlações populares: Dittus-Boelter para a troca térmica e Petukhov para a queda de pressão. Para uma melhor coerência, foram propostas correlações baseadas em funções de potência. Por fim, foi estudado o efeito da pas latéral sem revelação de impacto particular.

Capítulo 1

RECONHECIMENTO

Gostaria de agradecer a todos os professores e estudantes de pós-graduação que participam na reunião semanal de CO2 supercrítico (s-CO2) pela sua assistência e orientação.

Gostaria de agradecer especificamente ao meu orientador Dr. Mark Anderson e ao meu colega de grupo Ian Jantz pelo seu apoio e atenção. Graças a eles, foi um prazer descobrir esta nova área de permutadores de calor e fluxos de CO2 supercríticos, apesar da falta de conhecimentos prévios e das restrições linguísticas.

Por último, gostaria de agradecer ao meu orientador Pr. Frank Carré da Ecole Polytechnique por me ter oferecido não só uma oportunidade de estágio mas também uma experiência muito interessante. Frank Carré da Ecole Polytechnique por me ter oferecido não só uma oportunidade de estágio, mas também uma experiência muito interessante.

Capítulo 2

Introdução

SDDS

+

À medida que as fontes tradicionais de energia utilizadas para a produção de eletricidade (gás natural, carvão e petróleo) começam a esgotar-se, o seu custo continua a aumentar significativamente. Assim, torna-se necessário encontrar uma fonte alternativa (energia nuclear e energias renováveis). O Departamento de Energia (DoE) desempenha um papel de liderança na promoção da energia nuclear, tanto à escala nacional como internacional [1]. O DOE ajudou a estabelecer o programa Geração IV (GenIV), que identificou e selecionou seis conceitos de reactores: o Reator Rápido Arrefecido a Gás (GFR), o Reator Rápido Arrefecido a Chumbo (LFR), o Reator de Sal Fundido (MSR), o Reator Rápido Arrefecido a Sódio (SFR), o Reator de Água Supercrítica (SCWR) e o Reator de Temperatura Muito Elevada (VHTR). Estes conceitos são considerados como garantindo a sustentabilidade, a redução dos custos, a segurança, a fiabilidade e a proteção contra a proliferação.

Há ainda vários problemas que têm de ser resolvidos para garantir a viabilidade total dos conceitos mencionados. Uma das questões está relacionada com o sistema de conversão de energia. Como o desempenho de todo o sistema de produção de eletricidade depende da eficiência do ciclo termodinâmico, foram recomendados ciclos avançados específicos: o ciclo SCW Rankine, o ciclo Helium Brayton e o ciclo Brayton de CO2 supercrítico (s-CO2).

Dostal (2004) comparou extensivamente os três fluidos de trabalho do ponto de vista da eficiência termodinâmica e do ponto de vista económico [2]. Os principais candidatos interessantes são o hélio e o s-CO2. O ciclo Brayton com hélio é o mais maduro entre os ciclos fechados de turbinas a gás. No entanto, como explicado abaixo, o s-CO2 atinge a 550°C a mesma eficiência de 46% alcançável com o hélio a 800°C. Uma vez que uma temperatura de saída tão elevada continua a ser um desafio para os materiais estruturais e os combustíveis nucleares, o s-CO2 parece ser a solução capaz de atingir eficiências elevadas a temperaturas entre 500°C e 700°C, conduzindo assim progressivamente aos desejados reactores de alta temperatura.
No caso de um ciclo de s-CO2, um dos principais objectivos é manter o ciclo compacto. Como os permutadores de calor são, de longe, os maiores componentes do ciclo, a sua conceção é considerada de particular interesse. A sua geometria tem de ser optimizada de acordo com o fluido de trabalho e as condições de entrada/saída. Os permutadores de calor clássicos de casco e tubo não são uma boa alternativa. Para obter uma maior compactação, os tubos teriam de ser estreitos, o que ultrapassa os limites de fabrico. Para além disso, para suportar a diferença de pressão entre os dois fluidos, as paredes dos tubos teriam de ser espessas. Por isso, optou-se pelos permutadores de calor compactos.
Nesta investigação, foi investigado um tipo de permutadores de calor compactos: Permutadores de calor impressos em circuito (CPHE). O relatório inclui uma análise de todas as geometrias acima mencionadas. Além disso, uma geometria específica baseada em alhetas em forma de aerofólio foi escolhida como o desenho mais adequado para o projeto.

Capítulo 3

ESPECIFICAÇÕES DO ESTADO SUPERCRÍTICO

Cada fluido é caracterizado por uma pressão e temperatura críticas específicas. Acima do ponto crítico, as fases gasosa e líquida deixam de ser discerníveis; o fluido tem uma fase única a uma dada temperatura e pressão. É designado por fluido supercrítico. **A Tabela 1** abaixo fornece os pontos críticos para os principais fluidos de interesse, de acordo com o roteiro do GenIV. O s-CO2 é popular por sua pressão e temperatura críticas moderadas.

Fluido	**Pcrítico [MPa]**	TcriticaltC]
Hélio	0.23	-268
Dióxido de carbono	7.38	30.98
Água	22.06	374
Sódio	25.63	2231

Tabela 1: pontos críticos dos fluidos mais comuns [4]

Devido à ausência de mudança de fase, os fluidos supercríticos apresentam um comportamento termo-hidráulico muito diferente dos fluidos subcríticos bifásicos. Os fluidos supercríticos apresentam propriedades termo-físicas variáveis únicas. A uma pressão constante, uma pequena variação de temperatura provoca alterações significativas nas propriedades do fluido (viscosidade, calor específico, densidade... etc.), como mostra a **Figura 1**. Para cada valor de pressão, a temperatura pseudocrítica (**Tpc**) é definida como a temperatura na qual o calor específico atinge um pico.

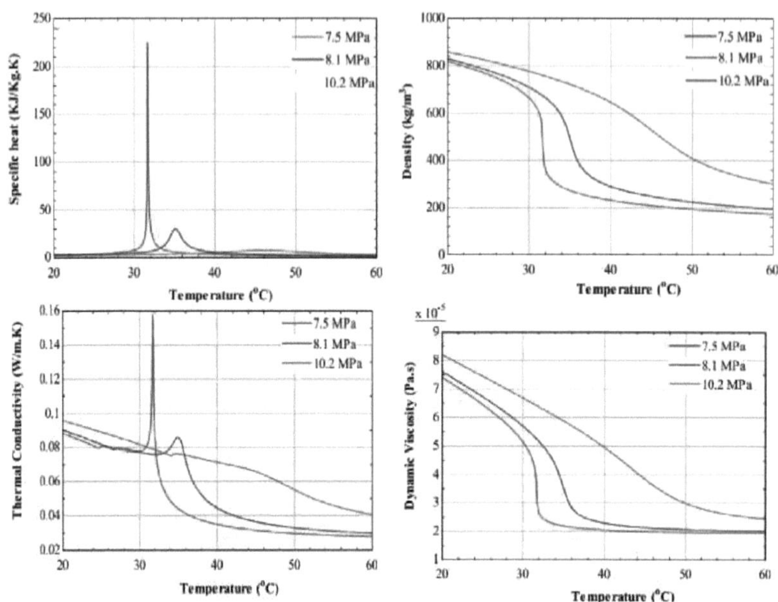

Figura 1: Variabilidade das propriedades físicas ao longo do ponto crítico

Como se pode ver na **Figura 2**, com uma pressão cada vez mais elevada, o **Tpc** aumenta e as alterações nas propriedades são mais pequenas e mais suaves.

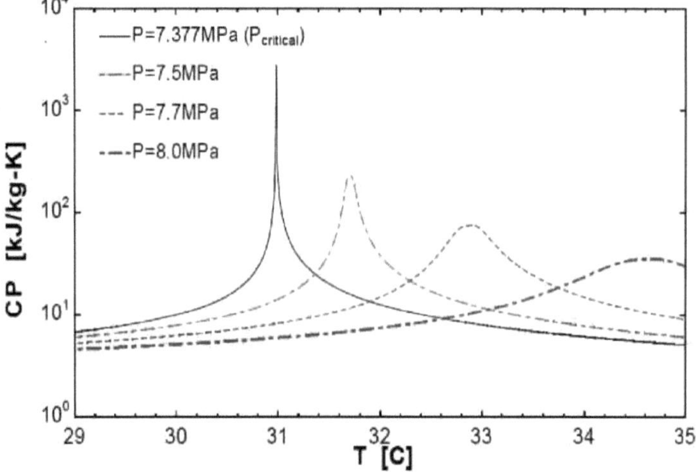

Figura 2: Pico de Cp ao longo da temperatura pseudo-crítica [4]

Para uma dada pressão e temperatura crescente, sabe-se que o fluido supercrítico migra de um estado "líquido" para um estado "gasoso". Longe do ponto crítico, é difícil diferenciar os dois estados. **A Figura 3** mostra a distribuição dos diferentes estados do s-CO2. Neste estudo, concentrámo-nos na região "gasosa".

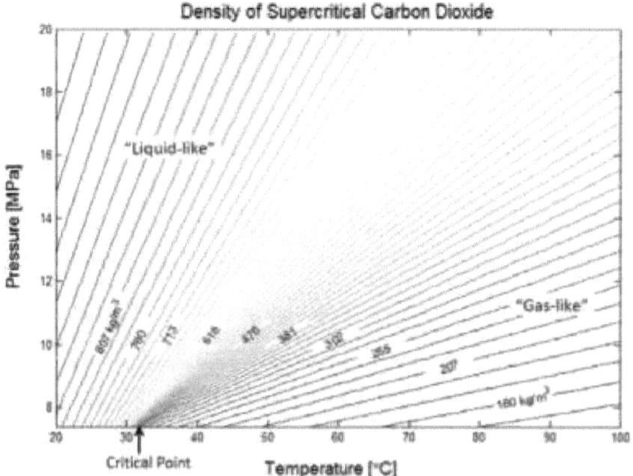

Figura 3: Regiões "gasosas" e "líquidas" para o s-CO2 [3]

Do ponto de vista da transferência de calor, a principal diferença em relação aos caudais subcríticos ocorre em fluxos de calor elevados. Num escoamento subcrítico bifásico, existe um determinado fluxo de calor crítico. Acima desse valor, o coeficiente de transferência de calor cai drasticamente devido à cobertura da superfície por uma fase de vapor. Este fenómeno impõe um limite ao fluxo de calor. Uma vez que o estado supercrítico é um estado monofásico, este problema é evitado. No entanto, vários factores, não claramente investigados, causam o aumento ou a deterioração da transferência de calor para os fluxos supercríticos, especialmente perto do ponto crítico.

Muitos investigadores têm tentado modelar os mecanismos de transferência de calor em escoamentos supercríticos e procurado correlações exactas. Jackson e Hall escreveram vários artigos sobre o aumento e a deterioração da transferência de calor sob convecção totalmente forçada. Eles relataram que as correlações monofásicas podem ser usadas para fluxos de calor significativamente baixos [5]. Quando pequenos gradientes de temperatura se desenvolvem através da camada limite, pequenas variações nas propriedades do fluido podem ser negligenciadas. Assim, assume-se que o comportamento do fluido supercrítico é semelhante ao comportamento de um fluido com propriedades constantes. Em geral, como se mostra a seguir, os coeficientes das correlações de propriedades constantes têm de ser ajustados para se adaptarem aos dados do escoamento supercrítico.

B. CICLO BRAYTON SUPERCRÍTICO

Os ciclos de potência actuais são o ciclo Brayton ideal e o ciclo Rankine. No primeiro, o fluido está na fase gasosa durante todo o ciclo. A principal desvantagem é o elevado rácio de contra-trabalho (a potência consumida no compressor dividida pela potência de saída da turbina) que pode atingir 50% devido à baixa densidade do gás. No ciclo de Rankine, o fluido de trabalho é líquido durante a pressurização, permitindo assim um rácio de trabalho residual reduzido. No entanto, a mudança de fase através da turbina é a principal preocupação do ciclo. Ela causa desgaste excessivo nas pás devido ao impacto das gotas. Este efeito pode causar danos na turbina.

Utilizando o ciclo Brayton supercrítico, os engenheiros são capazes não só de evitar o problema da mudança de fase, graças à constituição monofásica do fluido supercrítico, mas também de assegurar um baixo rácio de trabalho de retorno através da criação de uma região semelhante a um líquido no compressor. A alta densidade do fluido supercrítico na zona de baixa temperatura e pressão pode satisfazer essa condição. Para além destas duas vantagens, o CO2 supercrítico oferece um elevado coeficiente de capacidade térmica perto do ponto crítico, o que leva a um aumento da transferência de calor. **A Figura 4** abaixo mostra o ciclo supercrítico Brayton com diferentes comportamentos de fluido que se adaptam a cada requisito funcional.

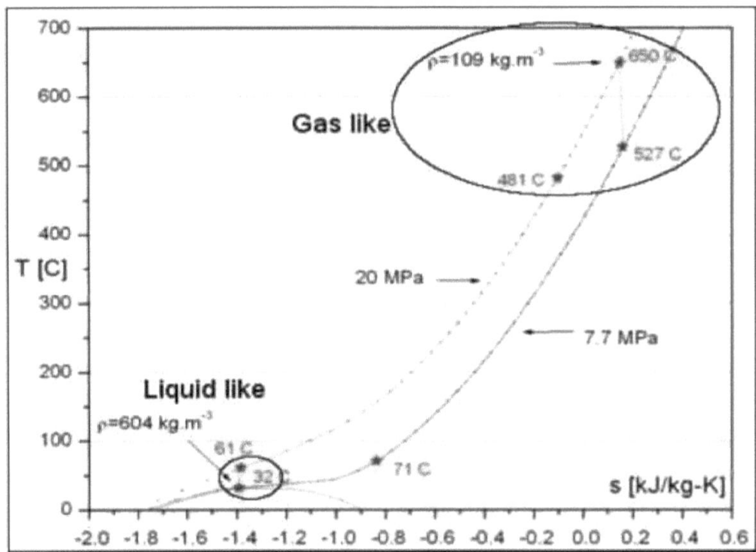

Figura 4: Ciclo Brayton simples com s-CO2 proposto pelo MIT [**2**]

Desde 1970, Sturb e Frieder têm investigado e recomendado o ciclo de recompressão do s-CO2 para centrais nucleares a hélio. O seu estudo sobre os reactores rápidos arrefecidos a hélio apresentou os seguintes argumentos que justificam a utilização do ciclo indireto s-CO2 [2]:

- O hélio tem de ser utilizado como refrigerante devido às suas excelentes capacidades de arrefecimento e à sua inércia.
- O sistema indireto mantém o desenvolvimento do ciclo do s-CO2 e a conceção

do reator completamente independentes.

- As fugas de CO2 em hélio são menos perigosas do que as de vapor, devido às propriedades nucleares semelhantes do He e do CO2.
- Como matéria-prima, o CO2 é mais barato do que o He. Para além disso, graças à sua capacidade mais fácil de armazenamento em fase líquida, os custos tornam-se ainda mais baixos.
- A dimensão das turbomáquinas de s-CO2 é consideravelmente mais pequena do que a dos ciclos de vapor ou de hélio, devido à sua elevada densidade (ver **figura 5** abaixo).

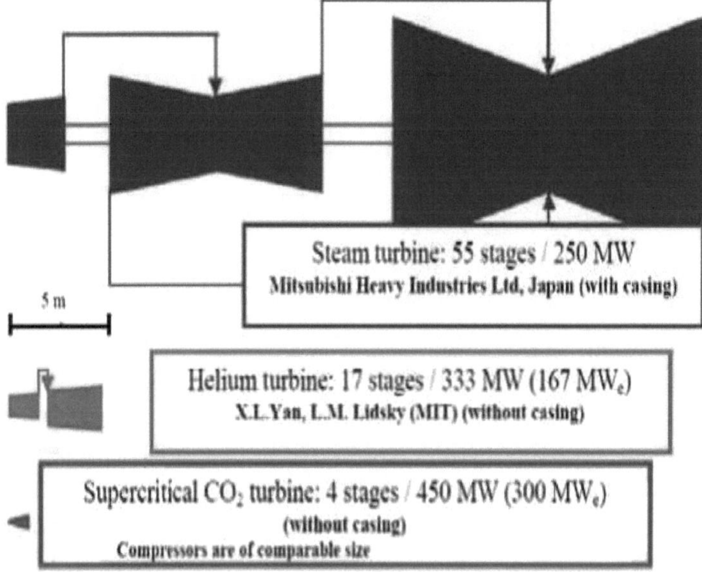

Figura 5: Redução da dimensão das turbomáquinas do ciclo Brayton s-CO2 [2]

Dostal (2004) investigou diferentes disposições do ciclo Brayton com s-CO2, tais como ciclos de interarrefecimento, reaquecimento, recompressão e regeneração [2]. Foi efectuada uma otimização destes ciclos com base no rácio de pressão, no comprimento do recuperador, no comprimento do pré-arrefecedor e no rácio entre o volume do pré-arrefecedor e o volume do recuperador, tendo sido procurada a maior eficiência possível. Como os custos do recuperador e do pré-arrefecedor são estimados como sendo próximos, a otimização maximizou também o custo global do ciclo. Na condição de funcionamento desejada, pressões de entrada da turbina de cerca de 20MPa e temperatura de entrada da turbina de 550°C, o ciclo de recompressão alcançou a maior eficiência, além de ser o ciclo mais simples. O seu esquema é mostrado na **Figura 6**. O fluxo é dividido antes da entrada do pré-arrefecedor, de modo a evitar a rejeição de calor numa parte do fluxo. Uma parte do ciclo passa pelo pré-arrefecedor e pelo compressor principal (o ciclo Brayton simples), enquanto a segunda parte atravessa o compressor de recompressão e é injectada entre os recuperadores de alta e baixa temperatura.

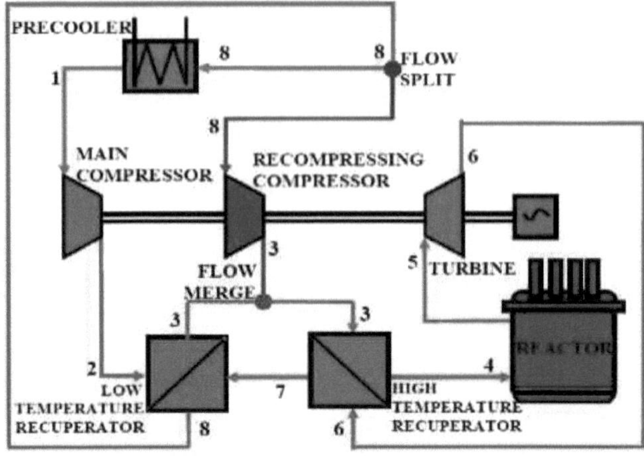

Figura 6: Esquema do ciclo de recompressão SCO2Brayton [2]

O mesmo trabalho [2] comparou a eficiência maximizada do ciclo de recompressão do s-CO2 com os ciclos Rankine a vapor e os ciclos Brayton a hélio. **A Figura 7** mostra que a eficiência do ciclo do s-CO2 é sempre superior à do ciclo do Hélio, no entanto, em comparação com o ciclo do vapor, torna-se mais atractiva para temperaturas de entrada na turbina superiores a 550°C. Se tivermos em consideração as escalas das turbomáquinas e a complexidade dos ciclos (número de permutadores de calor, número de bombas, processos químicos, etc.), o ciclo de recompressão Brayton s-CO2 apresenta o maior interesse e é o mais adequado para a próxima geração de reactores nucleares, especialmente para a gama de temperaturas entre 500 e 700°C.

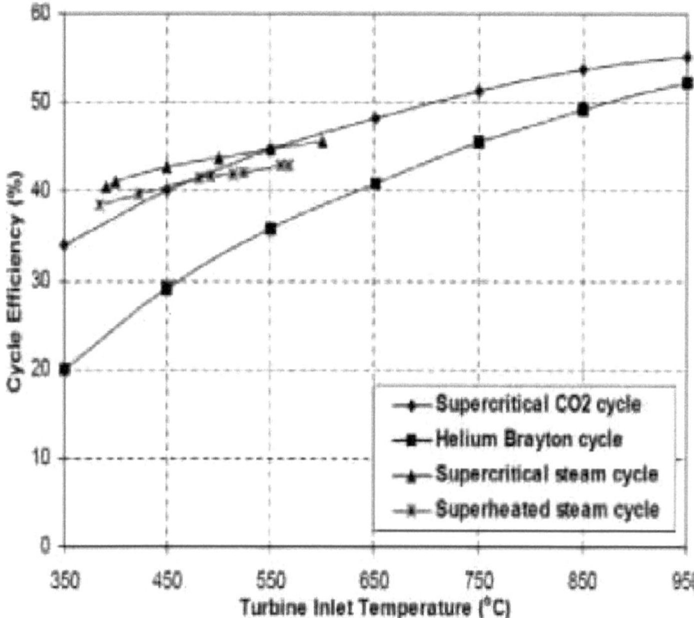

Figura 7: Comparação da melhor eficiência de ciclo entre os diferentes fluidos [2]

Capítulo 4

Permutador de calor de circuito impresso (PCHE)

Nos ciclos Brayton s-CO2, existem no máximo três tipos diferentes de permutadores de calor (ver **Figura 6** acima): o recuperador, o pré-arrefecedor e o permutador de calor intermédio. O recuperador funciona em ambos os lados com o fluxo de s-CO2. O pré-arrefecedor faz a transição do fluido através da temperatura pseudocrítica (de gasoso para líquido, de modo a que o compressor funcione com um fluido muito mais denso e poupe energia) utilizando as condições da água ambiente do outro lado. Como demonstrado anteriormente, em torno do ponto crítico as propriedades do s-CO2 variam drasticamente, o que causa algumas dificuldades na modelação deste permutador de calor. Finalmente, o principal permutador de calor do ciclo é o permutador de calor intermédio que transfere o calor do circuito primário para o segundo. Dependendo do tipo de reator nuclear, funciona no segundo lado com hélio, sal fundido ou metal líquido (Na, Pb, etc.). O estudo numérico apresentado mais adiante centra-se nas condições de funcionamento deste permutador de calor.

Como os permutadores de calor são de longe os maiores componentes do ciclo, qualquer poupança na sua compactação tem um impacto considerável no custo total do ciclo. Esta preocupação levou os engenheiros a desenvolverem diferentes tipos de permutadores de calor. Enquanto os permutadores de calor clássicos de casco e tubo enfrentavam dificuldades de fabrico para se tornarem suficientemente compactos, os permutadores de calor compactos (CHE) pareciam adequar-se aos requisitos da aplicação nuclear. Os CHE são tipicamente definidos como permutadores de calor com uma densidade de área superficial superior a 300 m^2/m^3 para fluxos líquidos ou bifásicos e superior a 700 m^2/m^3 para gases. As equações seguintes definem parâmetros básicos úteis na investigação de permutadores de calor.

$$\beta = \frac{A_s}{V} \quad (1)$$

$$d_h = \frac{4 V_{fluid}}{A_s} \quad (2)$$

$$\phi = \frac{V_{fluid}}{V} \quad (3)$$

$$\beta = 4\left(\frac{A_s}{4 V_{fluid}}\right)\left(\frac{V_{fluid}}{V}\right) = \frac{4\phi}{d_h} \quad (4)$$

Onde As é a área da superfície de transferência de calor, V é o volume total, dh é o diâmetro hidráulico e ϕ é a porosidade.

Foram fabricados muitos CHE diferentes. A ideia principal é alternar periodicamente, numa determinada direção, dois desenhos diferentes, quer sejam placas ou alhetas. Os tipos mais famosos são:

- Permutadores de calor de placas e alhetas (PFHE) ou permutadores de calor de placas com estrutura, quando ligados por difusão (FPHES) (**figura 8**)

- Permutadores de calor de placas com revestimento químico (CBHEs) (**Figura 9**)
- Permutadores de calor de placas ou de placas e armação (PHEs) (**Figura 10**)
- Permutadores de calor com circuitos impressos (CPHEs / de interesse para o nosso estudo)

Figura 8: EPHE

Figura 9: CBHE

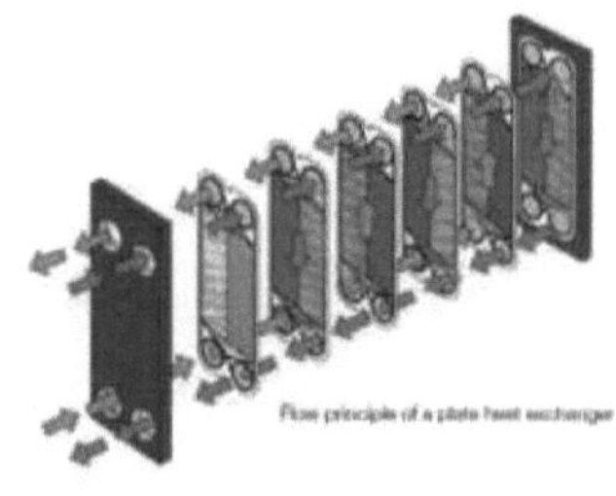

Figura 10: PHE

O **quadro 2** apresenta um resumo das caraterísticas típicas dos CHEs acima referidos. Uma análise mais alargada pode ser encontrada em Hesselgreaves [6] ou, para aplicações solares recentes, em Li e al.[7].

Tipo CHX	Pmax [MPa]	T[°C]	*B* Im^{2}m3]	dh [mm]	Custo [K$/W]
PHEgasketed)	2,5 a 3,5	-35 a 250	120 a 660	2 a 10	0,03 a 0,06
PFHE (soldado)	9 a 12	Até 700	800 a 1500	1 a 2	0.3
PFHE(difsion-bond)	20 a 62	Até 800	700 a 800	1 a 2	Nenhum dado
CBHE	40	-200 a 900	Até 10000	0,33 para 1	Nenhum dado
PCHE	50 a 100	-200 a 900	200 a 5000	0,5 a 3	0,6 a 0,9

Quadro 2: Comparação das caraterísticas de diferentes CHEs [8]

As forças motrizes por detrás do desenvolvimento dos CHE são a conservação de energia e as considerações ambientais. Muito para além da melhoria da eficiência energética, asseguram uma utilização eficiente das matérias-primas, o que conduz a um menor custo de capital e a uma redução da dimensão das instalações. Para além disso, é possível aumentar a segurança graças à sua capacidade de lidar com pressões mais elevadas.

No nosso estudo, os CHEs de interesse são os PCHE. Nas duas secções seguintes, são abordados o seu processo de fabrico e o progresso da conceção.

A. O PROCESSO DE FABRICO

O permutador de calor intermédio (IHX) deve ser capaz de suportar temperaturas de serviço elevadas e diferenças de pressão elevadas durante um longo período de serviço sem qualquer degradação estrutural. Este requisito é cumprido graças às duas técnicas não convencionais de maquinagem e união, ou seja, maquinagem fotoquímica e ligação por difusão.

A maquinagem fotoquímica utiliza agentes químicos fortes para remover o material indesejado da peça de trabalho por dissolução controlada. Este processo de fabrico distingue os PCHE de outros

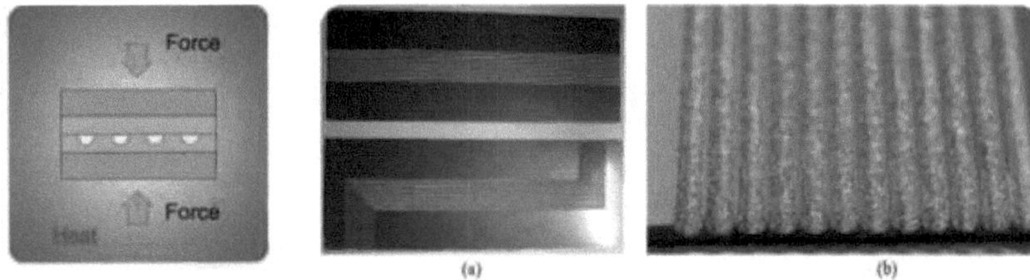

Figura 11: difusão Figura 12: Canais rectos gravados pelo processo de maquinagem fotoquímica processo de colagem

tipos de CHEs de placa plana. Em primeiro lugar, a superfície da placa a gravar é limpa e depois mascarada com o padrão 2-D pretendido. Em seguida, a placa é imersa num banho de agente de corrosão durante um período de tempo até ser atingida a profundidade desejada (~ 2 mm). Este processo envolve a oxidação corrosiva de áreas selecionadas do metal e não altera a estrutura interna do material e as propriedades do metal, como a dureza, a estrutura do grão e a ductilidade. **A Figura 11** mostra dois padrões de canais gravados fotoquimicamente em placas de liga 617 para fluxos quentes e frios de um PCHE experimentado na Universidade do Estado de Ohio [9]. Em comparação com outros processos que oferecem os mesmos resultados, a maquinagem fotoquímica tem um custo significativamente mais baixo e é capaz de tratar uma grande área de superfície em várias peças ao mesmo tempo. No entanto, a taxa de penetração é claramente inferior. Um outro limite desta técnica são os três defeitos possíveis mostrados na **Figura 13**, incluindo a saliência, a formação de ilhas e o dishing. Qualquer agitação incorrecta do banho de corrosão ou limpeza incorrecta da superfície da placa provoca uma falta de homogeneidade no processo de corrosão, o que explica estes defeitos [8]. Por conseguinte, a geometria da placa é sempre diferente da projectada, especialmente perto dos cantos. Este efeito tem de ser tido em consideração nas simulações numéricas.

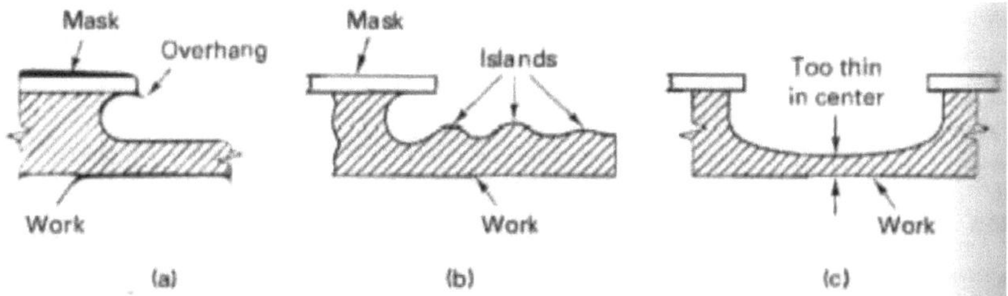

Figura 13: Diferentes defeitos de gravura (a) Saliência (b) insularidade (c) dishing [8]

O segundo processo é a ligação por difusão. Uma vez gravadas as placas, são empilhadas várias delas numa variedade de disposições diferentes. Em seguida, numa câmara de vácuo, é aplicada uma temperatura entre 60 e 80% da temperatura de fusão do material, simultaneamente com alguma tensão. As condições descritas permitem a difusão do estado sólido nos limites e a formação de grãos nas interfaces. É assim que é fabricado um núcleo de permutador de calor. As dimensões deste núcleo são limitadas pelas dimensões mínimas do equipamento de maquinagem química, pela dimensão do leito do forno de ligação por difusão e pela carga de pressão (altura total da pilha). Consequentemente, vários núcleos podem ser unidos. **A Figura 14** mostra o resultado da ligação por difusão de duas placas (com canais semicirculares). Pode notar-se uma pequena deformação ou esmagamento na parte superior da "barbatana" da PCHE devido à elevada temperatura e às pressões aplicadas durante o processo.

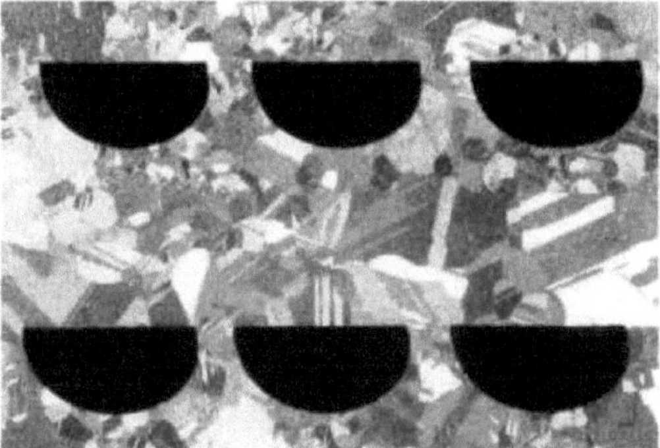

Figura 14: Micrografia do crescimento do grão após a ligação por difusão entre as camadas da placa PCHE

B. ESTADO DA ARTE

A Heatric é a empresa mais famosa no fabrico de PCHEs. Durante os últimos 25 anos, produziu mais de 1000 unidades comerciais utilizadas maioritariamente na indústria do petróleo e do gás, mas também na indústria nuclear. Atualmente, fornece PCHEs para a aplicação do ciclo Brayton de CO2 com uma eficiência de 98% (**figura 15**). Este progresso foi guiado por um trabalho considerável de engenheiros e investigadores sobre as capacidades dos materiais, bem como sobre o desempenho da conceção. Neste parágrafo, é apresentada uma breve revisão dos resultados mais recentes relativos à geometria dos canais de fluxo.

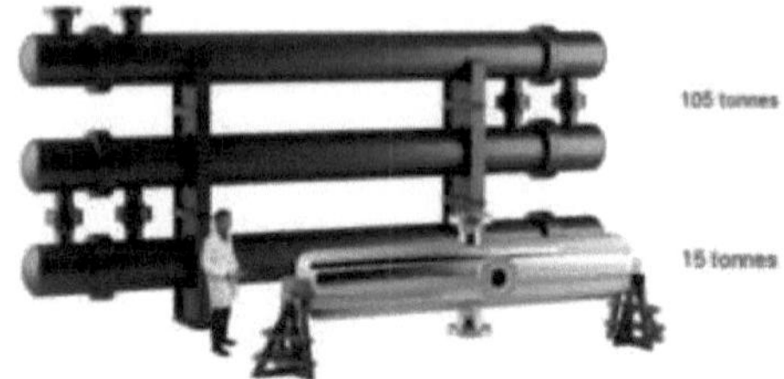

Figura 15: Comparação do tamanho e peso equivalentes entre um PCHE e um permutador de casco e tubos para um serviço de arrefecimento por compressão de gás/gás de 4MW (Heatric.com)

A primeira geometria a ser testada foi a mais simples: canais semicirculares. Foram também estudadas outras geometrias diferentes. Os três objectivos principais na conceção da geometria são:

- Melhoria da transferência de calor
- Restrição da queda de pressão ao longo do permutador de calor
- Maximização da compacidade

Figura 16: Diferentes geometrias de PCHE da esquerda para a direita: ZigZag, ZigZag arredondado, alhetas sinusoidais, alhetas de aerofólio [8]

Para aumentar a transferência de calor, a primeira ideia foi aumentar a área de transferência de calor através da conceção de canais em Zig-Zag (**Figura 16-a**), mas esta configuração revelou uma elevada queda de pressão devido à desaceleração do escoamento nos cantos. Miller [10] e Idel'chik [11] concentraram-se na complicação da queda de pressão nas curvas dos tubos. À medida que o fluido se aproxima da secção curva, desenvolve-se um escoamento giratório secundário e surgem duas zonas de separação no canto exterior e na parede interior do canal a jusante (**Figura 17**). Estes não são os únicos fenómenos envolvidos na PCHE dos canais em ziguezague, mas são os mais importantes. Matt Carlson [8] resume na sua tese as principais diretrizes para a melhoria do desempenho desta geometria:

- O raio da curva deve ser entre 1 e 2 vezes a largura do canal
- O ângulo de curvatura tem de ser minimizado acima de ângulos de 40 graus
- Os cantos (e especialmente o interior) devem ser arredondados e polidos (**Figura 16b**)
- O espaçamento entre curvas deve ser pequeno (1 a 10 diâmetros de tubo)

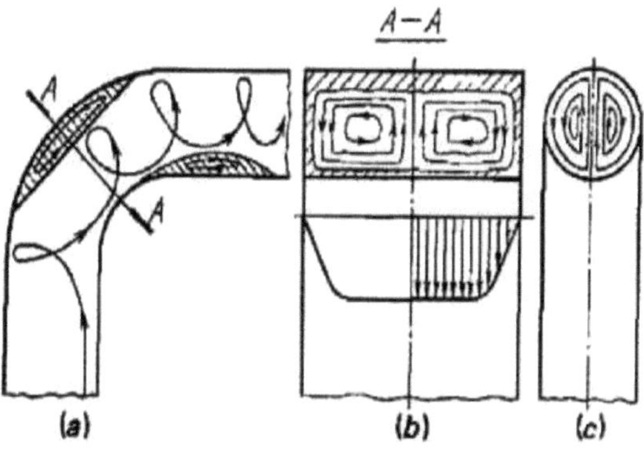

Figura 17: Diagrama das regiões de separação e do escoamento em turbilhão [8]

Em 2006, Tsusuki e al. [12] publicaram um estudo CFD comparando o desempenho dos canais ZigZag com uma nova geometria: alhetas de forma sinusoidal (**Figura 16-c**). Anunciaram redução de 1/5 da queda de pressão, sem alteração da transferência de calor. A simulação CFD não mostrou qualquer região de recirculação para as alhetas sinusoidais. É importante notar que os canais ZigZag foram simulados com cantos moldados. No entanto, os canais fabricados são normalmente arredondados devido ao processo de gravação, o que resulta num fluxo muito mais suave através das curvas. As alhetas sinusoidais foram experimentadas por Ngo e al. [13] em 2007. Em comparação com os canais ZigZag, a queda de pressão foi efetivamente reduzida por um fator entre 4 e 5, mas a taxa de transferência também foi reduzida em 24-34%. Para uma transferência de calor semelhante, a melhoria da perda de carga foi estimada em apenas 1/2 a 1/3.

Em 2007, Vanapalli e al. [14] investigaram diferentes formas de barbatanas. Os resultados (**Figura 18**) confirmaram a ideia intuitiva da influência da "finura". Este termo refere-se à espessura sobre o comprimento do elemento. Por um lado, quanto mais esguia for a forma, menos arrasto provoca. Por outro lado, quanto mais aerodinâmica for a área da secção transversal disponível para o fluxo de fluido, mais uniforme se torna, o que resulta numa menor aceleração do fluxo. Por conseguinte, as alhetas moldadas parecem ser de interesse.

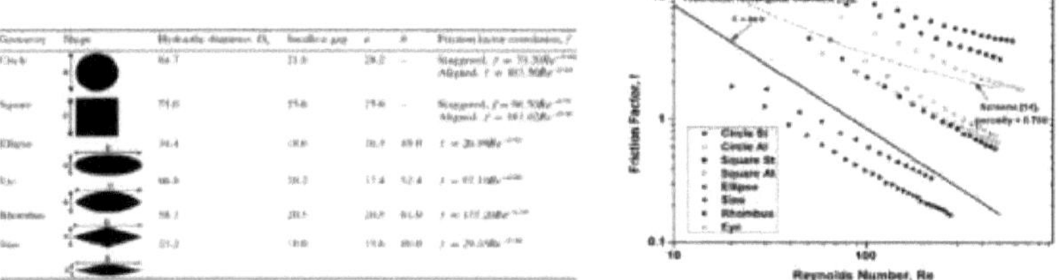

Figura 18: Diferentes geometrias investigadas por Vanapalli e al. [14] e

respectivos desempenhos

Em 2008, Kim e al. [15] apresentaram uma nova geometria de alhetas: a forma de aerofólio. A simulação 3D efectuada em canais ZigZag e alhetas em aerofólio mostrou a mesma densidade de transferência de calor, enquanto a queda de pressão para a geometria em aerofólio foi de apenas 5% da queda de pressão utilizando canais ZigZag. Este resultado impressionante teve de ser tomado com cautela, uma vez que os canais ZigZag foram supostos com cantos moldados e os dados experimentais ainda não estavam disponíveis.

Na Universidade de Wisconsin-Madison (UW), alguns estudantes licenciados (entre os quais Kruizenga [4] e Matt Carlson [8]) experimentaram os desempenhos térmico e hidráulico de placas ligadas por difusão. As geometrias testadas incluíram canais rectos, canais ZigZag (65 e 80 graus como ângulos de flexão) e aletas de aerofólio (NACA0020 com cordas de 4,0 mm e 8,1 mm). As medições foram efectuadas principalmente perto do ponto crítico para investigar os efeitos da variação das propriedades físicas. Estas experiências permitiram uma comparação geral entre as diferentes geometrias (**figuras 19-20**).

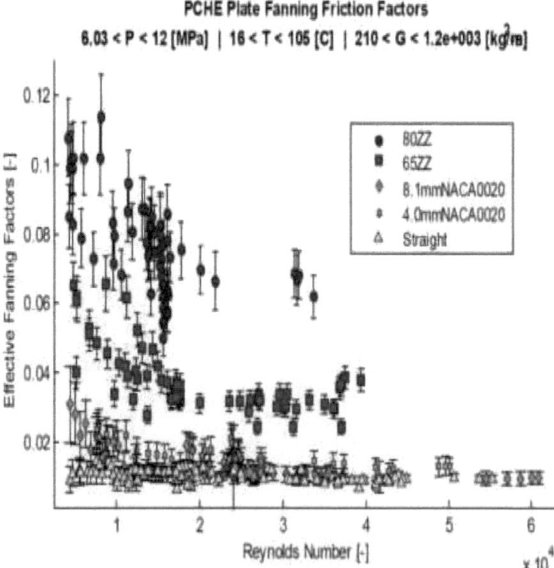

Figura 19: Comparação combinada do desempenho hidráulico de diferentes geometrias de canais PCHE, de [8]

Não é de surpreender que os canais rectos apresentem o fator de atrito mais baixo. No entanto, é possível observar que o desempenho hidráulico dos perfis aerodinâmicos é muito interessante. A perda de carga é quase idêntica à dos canais rectos. No que respeita à transferência de calor, as alhetas do aerofólio são claramente mais eficientes. Os resultados experimentais evidenciaram as vantagens da geometria dos aerofólios, o que levou ao estudo apresentado com o objetivo de otimizar essa geometria.

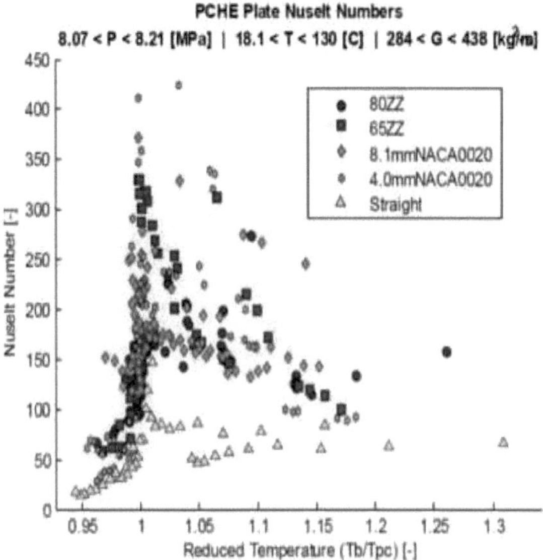

Figure 109: A combined comparison of the thermal performance of different PCHE channel geometries at a pressure of 8.1 MPa and a low mass flux.

Figura 20: Comparação combinada do desempenho térmico de diferentes geometrias de PCHE, formulário [8]

Capítulo 5

DEFINIÇÃO DO PROJECTO E DOS OBJECTIVOS

A UW e a Universidade do Estado de Ohio receberam uma subvenção do Programa Universitário de Energia Nuclear (NEUP), uma divisão do Departamento de Energia dos EUA (DoE). O projeto intitula-se: "Conceção e ensaio de permutadores de calor compactos para reactores avançados e ciclos de energia avançados". A Universidade do Estado de Ohio é a universidade líder e a UW tem um estatuto de colaboradora. A cooperação entre as duas universidades foi sustentada por reuniões quinzenais para acompanhar o progresso.

Este trabalho faz parte de um projeto maior de três anos que teve início em 2014. O principal objetivo do projeto é investigar as melhores concepções de permutadores de calor como permutadores/recuperadores de calor intermédios para pequenos reactores modulares e outros reactores avançados que utilizam o ciclo de potência Brayton s-CO2. Os objectivos específicos são:

- Conceber projectos PCHE optimizados para fluidos de trabalho de sal líquido para S-CO2, hélio para S-CO2, sódio para s-CO2 e sal líquido para hélio em várias condições IHX/recuperador
- Investigar experimentalmente o desempenho térmico, a tensão térmica, a deflexão e o mecanismo de falha dos PCHEs durante vários transientes
- Estudar os parâmetros de ligação por difusão para várias ligas de alta temperatura e examinar a integridade do material pós-ensaio dos PCHEs, incluindo o efeito de corrosão da linha de ligação

Um PCHE é constituído por muitos canais especialmente concebidos, como os canais micro-ondulados, que melhoram a transferência de calor, mas também aumentam a perda de carga. A queda de pressão e a transferência de calor são dois factores importantes que devem ser considerados na otimização do design do permutador de calor. O objetivo desta tarefa será otimizar as configurações dos canais para os IHXs/recuperadores em várias condições de fluido de trabalho, incluindo hélio-s-CO2, sal líquido-s-CO2, sódio-s-CO2 e sal líquido-hélio. Neste estudo, a Universidade do Estado de Ohio, como universidade líder, centra-se nos permutadores de calor hélio-s-CO2, sal líquido-s-CO2 e sal líquido-hélio, enquanto a universidade colaboradora UW se centra nos permutadores de calor sal líquido-s-CO2 e sódio-s-CO2. Na UW, dois estudantes de pós-graduação estão atualmente a trabalhar no projeto (Ian Jantz e eu próprio) sob a supervisão do Professor Mark H. Anderson.

O texto da proposta pormenoriza os diferentes eixos de interesse em função de cada um dos objectivos supramencionados. A modelização CFD é indicada como uma etapa intermédia para o primeiro objetivo. Recomenda-se que se trabalhe para melhorar a capacidade de modelação CFD associada às geometrias complexas das PCHEs.

Neste contexto, o estágio centrou-se na investigação numérica da geometria dos aerofólios que já tinham mostrado grande potencial. O principal objetivo deste estudo é avaliar numericamente o desempenho da geometria dos aerofólios para um permutador de calor intermédio a alta temperatura e pressão. Como explicado por Dostal [2], os resultados interessantes do ciclo Brayton s-CO2 são obtidos para uma pressão de entrada da turbina de 20MPa e uma temperatura de saída do reator entre 500°C e 700°C. Antes de executar o modelo de simulação nestas condições, em que não existem dados experimentais nem correlações validadas, a equipa decidiu verificar cuidadosamente a precisão do modelo de simulação, comparando os seus resultados com os dados experimentais recolhidos por Matt Carlson [8], embora os seus dados se centrassem na região do ponto crítico.

Foi feita uma escolha entre as duas geometrias de aerofólio testadas por Matt Carlson e optou-se pelo desenho de 8,1 mm. Duas razões justificam esta escolha. Em primeiro lugar, os 8,1 mm são mais capazes de suportar as elevadas diferenças de pressão entre os dois fluxos. Em segundo lugar, a área de ligação por difusão, que neste caso é a área de superfície dos aerofólios superiores, pode ser demasiado pequena para os aerofólios de 4,0 mm. **A Figura 21** mostra a placa e o padrão considerados por Matt Carlson [8] e Kruizenga [4].

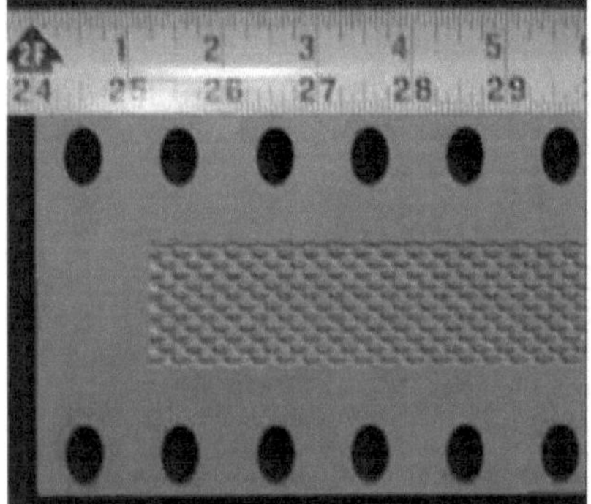

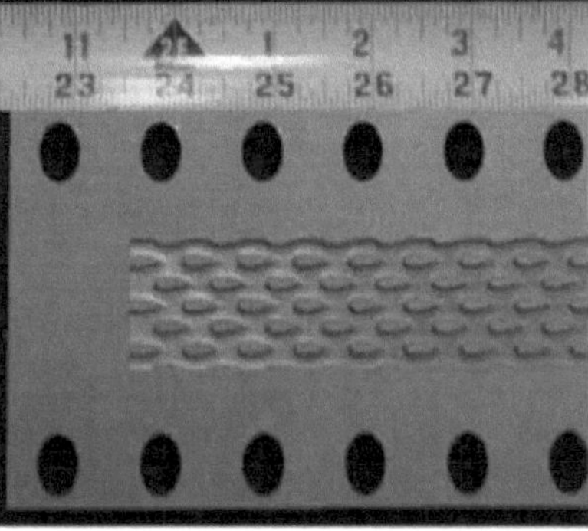

Figura 21: Imagem dos protótipos de aerofólio pequeno de 4,0 (esquerda) e grande (direita) de 8,1 mm, de [4]

O quadro seguinte apresenta pormenores sobre a placa de aerofólios de 8,1 mm utilizada no trabalho de Matt Carlson e Kruizenga. Este é o ponto de partida para o estudo apresentado neste relatório.

Esta configuração foi definida após uma otimização do passo axial, minimizando a área da secção transversal. Esta questão, tal como mencionado em estudos anteriores, tem um impacto na distribuição da velocidade e, por conseguinte, influencia a perda de carga. Para cada valor do passo axial s, é calculada numericamente a variação da área do fluido da secção transversal. Em seguida, o passo optimizado é o que minimiza essa quantidade. Como se mostra abaixo (**Figura 22**), o passo axial ótimo obtido por Kruizenga é| = 0,86 .

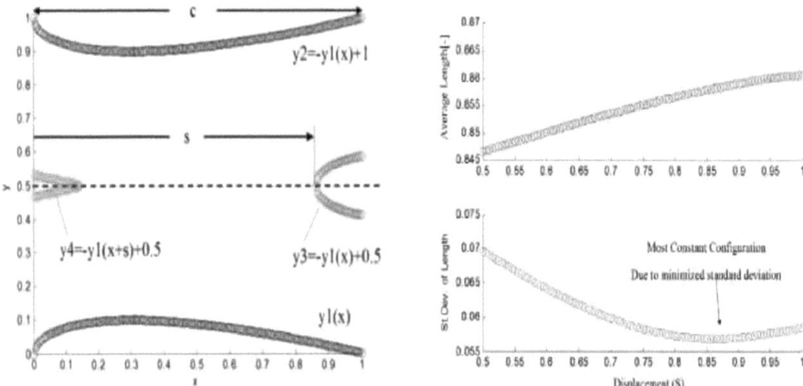

Figura 22: Definição das variáveis dos perfis aerodinâmicos de 8,1 mm (esquerda) e secção transversal mais constante (direita) [8]

Esta relação fixa o passo lateral ótimo. No presente estudo, foi proposto investigar o efeito do passo lateral na transferência de calor e na queda de pressão. Assim, os objectivos do trabalho de simulação são os seguintes

- Simular os dados experimentais recolhidos por Matt Carlson para validar o modelo numérico
- Prever o desempenho da geometria dos perfis aerodinâmicos a 20MPa e para temperaturas entre 550 C e 650°C
- Verificar a concordância dos resultados com as correlações existentes

SOFTWARE E MODELO

A competência mais importante adquirida durante o estágio foi a utilização de um par de programas informáticos. Como a prática leva à perfeição, a única forma de dominar um software é utilizá-lo num projeto. A investigação numérica da geometria dos aerofólios foi a oportunidade certa. Foi efectuada utilizando dois softwares principais: SOLIDWORKS e ANSYS.

Uma vez identificada a geometria a investigar, o processo de simulação começou com o desenho da geometria com o SOLIDWORKS. A geometria foi então carregada no ANSYS. A definição da malha e das fronteiras pode ser efectuada através da ferramenta de malha do ANSYS ou do ICEM CFD. O calculador utilizado neste estudo é o ANSYS FLUENT.

1. CONCEPÇÃO DE GEOMETRIA: SOLIDWORKS

Embora o SOLIDWORKS seja uma ferramenta de engenharia famosa, não foram adquiridas competências iniciais. Por conseguinte, foram modeladas diferentes geometrias simples no início e, progressivamente, foram dominadas as diferentes etapas da simulação. Na **figura 23**, são apresentadas algumas capturas de ecrã de geometrias concebidas com o SOLIDWORKS com diferentes níveis de complexidade.

Figura 23: Alguns exemplos de geometrias concebidas com o SOLIDWORKS

A **figura 24**, do SOLIDWORKS, mostra a célula unitária final que foi adoptada. Os perfis aerodinâmicos são projectados utilizando a sua equação de forma genérica NACA (**5**)

$$y(x) = \frac{t}{0.2}c\left(0.2969\sqrt{\frac{x}{c}} - 0.126\left(\frac{x}{c}\right) - 0.3516\left(\frac{x}{c}\right)^2 + 0.2843\left(\frac{x}{c}\right)^3 - 0.1036\left(\frac{x}{c}\right)^4\right) \quad (5)$$

Onde t é a espessura máxima do aerofólio. No nosso caso: $t = \frac{20}{100} = 0.2$ (20% da corda) e c = 8,1 mm.

Tem a forma NACA0020 (o 00 indica que o aerofólio é simétrico, sem curvatura, e o 20 indica a espessura máxima). Esta equação foi implementada no SOLIDWORKS para gerar os perfis aerodinâmicos. O canto traseiro do aerofólio foi arredondado de propósito para ter em conta o efeito de gravura.

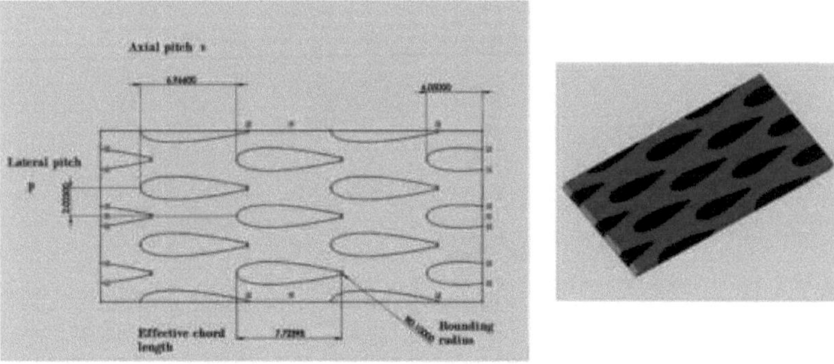

Figura 24: Disposição da célula unitária para c=8,1mm e p/c=0,25

2. MALHA: FERRAMENTA DE MALHA ANSYS / ICEM CFD

A fase de criação da malha é crucial, uma vez que afecta significativamente a convergência e a velocidade dos cálculos. Verificou-se que este passo é o mais delicado. Foram enfrentadas sérias dificuldades na definição da malha para geometrias

complexas, como a geometria do aerofólio. Foram utilizados dois softwares principais. Ambos são componentes do pacote ANSYS. O ICEM CFD oferece a capacidade de criar parametricamente malhas de volume ou de superfície a partir de geometrias ou malhas em formatos multi-bloco estruturados, não estruturados hexaédricos, cartesianos, tetraédricos, híbridos tetra/prisma, híbridos hexa e não estruturados quad/tri-casca. A caraterística especial desta ferramenta é o grande controlo da malha de volume através da divisão dos diferentes corpos em blocos. O ANSYS Meshing Tool é uma alternativa mais simples para a criação de malhas assistidas. Permite poupar tempo enquanto assegura uma boa qualidade de malha para geometrias relativamente simples. Apesar da sua simplicidade, oferece algumas funcionalidades interessantes para um controlo parcial da malha, especialmente junto a superfícies e arestas.
No início, a intenção era simular uma célula unitária de fluxo duplo (como mostra a **figura 25**). Foram efectuados vários ensaios para simular os dois fluxos e a transferência de calor através da parte sólida. Tanto os sais fundidos como os metais líquidos têm coeficientes de transferência de calor mais elevados e uma densidade significativamente mais elevada. Como consequência, os seus fluxos são menos afectados pela queda de pressão e não é necessário alargar a superfície de transferência de calor. É por isso que se prevê que os canais rectos simples sejam adequados.

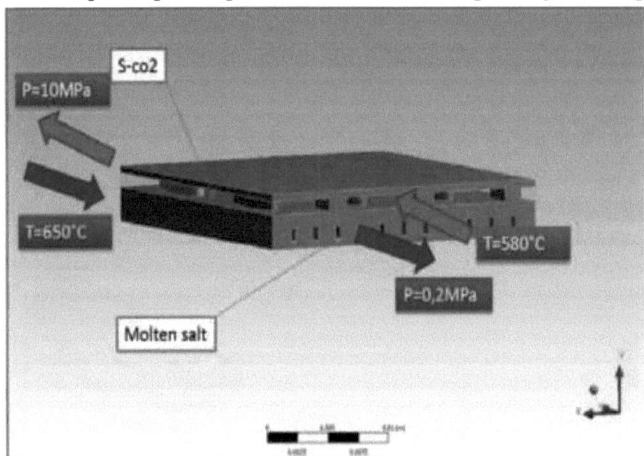

Figura 25: Célula unitária de fluxo cruzado para simular o permutador de calor de sal fundido/CO2

A **figura 25** mostra a célula unitária de fluxo cruzado que foi considerada. No entanto, foram encontradas sérias dificuldades em fazer coincidir as malhas das duas regiões de escoamento, mantendo uma qualidade de malha satisfatória. Por conseguinte, este trabalho foi abandonado. Foi acordado que o problema deveria ser dividido em duas partes. Em primeiro lugar, deve ser efectuado um estudo numérico do escoamento no aerofólio, a fim de estimar o coeficiente de transferência de calor. Em seguida, seria fácil estudar o lado do sal fundido ou do metal líquido, mesmo teoricamente, graças à simplicidade da geometria e ao carácter menos turbulento do escoamento. Para a célula unitária de escoamento simples, a qualidade da malha oferecida pela ferramenta ANSYS Meshing foi satisfatória. A qualidade mínima da malha foi superior a 0,6 para todas as geometrias. É por isso que a economia de tempo foi preferida à melhor qualidade permitida pelo ICEM CFD. Na **figura 26** são apresentados exemplos de malhas.

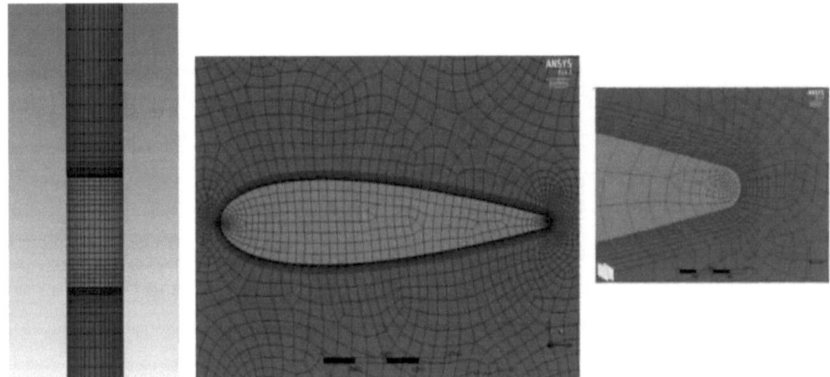

Figura 26: Diferentes vistas da malha utilizada

3. SOLUCIONADOR: ANSYS FLUENT

O software ANSYS Fluent contém as amplas capacidades de modelação física necessárias para modelar o escoamento, a turbulência, a transferência de calor e as reacções para aplicações industriais, incluindo o escoamento de ar sobre uma asa de avião, a combustão num forno, colunas de bolhas, plataformas petrolíferas, etc. Modelos especiais que dão ao software a capacidade de modelar a combustão dentro do cilindro, aeroacústica, turbomáquinas e sistemas multifásicos serviram para alargar o seu alcance. A tecnologia avançada do solucionador fornece resultados CFD rápidos e precisos, malhas flexíveis que se movem e deformam, e escalabilidade paralela superior. As funções definidas pelo utilizador permitem a implementação de novos modelos de utilizador e a personalização extensiva dos modelos existentes. A configuração interactiva do solver, a solução e as capacidades de pós-processamento do ANSYS Fluent facilitam a pausa de um cálculo, o exame dos resultados com o pós-processamento integrado, a alteração de qualquer configuração e a continuação do cálculo numa única aplicação. Todos estes benefícios fizeram com que a iniciação ao FLUENT fosse uma boa experiência.

O solucionador oferece diferentes modelos para a modelação da turbulência. É um facto lamentável que nenhum modelo de turbulência seja universalmente aceite como sendo superior para todas as classes de problemas. A escolha do modelo de turbulência dependerá de considerações como a física do escoamento, a prática estabelecida para uma classe específica de problemas, o nível de precisão exigido, os recursos computacionais disponíveis e o tempo disponível para a simulação. Dois grandes conjuntos de modelos são populares nas simulações de transferência de calor: K-epsilon e K-omega. O modelo k-epsilon resolve duas variáveis: k; a energia cinética turbulenta, e epsilon; a taxa de dissipação da energia cinética. O modelo k-epsilon é muito popular para aplicações industriais devido à sua boa taxa de convergência e requisitos de memória relativamente baixos. Não calcula com muita precisão campos de escoamento que apresentem gradientes de pressão adversos, forte curvatura do escoamento ou escoamento de jato. Enquanto o modelo K-omega resolve para omega - a taxa específica de dissipação da energia cinética . Tem mais dificuldade em convergir e é bastante sensível à estimativa inicial da solução. Por conseguinte, o modelo K-epsilon é frequentemente utilizado primeiro para encontrar uma condição inicial para a resolução do modelo k-omega. O modelo K-omega é útil em muitos casos em que o modelo K-epsilon não é exato, tais como fluxos que exibem uma forte curvatura, fluxos separados e jactos. Uma vez que não existem curvas na nossa geometria e o perfil do aerofólio é conhecido pela sua forma hidrodinâmica, o modelo K-epsilon foi escolhido pela sua melhor taxa de convergência.

A segunda questão importante diz respeito à utilização da base de dados REFPROP [15]. Para além do código CFD, os estados supercríticos (e bifásicos) requerem uma base de dados das propriedades reais dos fluidos, especialmente perto do ponto crítico, onde as propriedades físicas variam drasticamente. No entanto, a velocidade de simulação era muito lenta utilizando o REFPROP. Por conseguinte, foi considerado judicioso utilizar um modelo de gás ideal com propriedades físicas constantes longe do ponto crítico, ou seja, para as condições de temperatura e pressão elevadas. Esta aproximação teve de ser verificada ex-post.

C. PROCESSAMENTO

1. CONDIÇÕES DE FRONTEIRA

Não só para satisfazer as capacidades do computador, mas também para poupar tempo, foi acordado simular apenas uma célula unitária da placa de s-CO2 com as alhetas do aerofólio. Os resultados da célula unitária devem ter em conta os desempenhos da transferência de calor e da queda de pressão ao longo de uma célula unitária na parte central do permutador de calor. Os efeitos de fronteira não são tidos em conta. Por conseguinte, foi considerada a periodicidade espacial para as faces laterais. Para além disso, foram consideradas condições de velocidade de entrada, pressão de saída e temperatura constante nas paredes superior e inferior. Assim, a condução através dos perfis aerodinâmicos e a convecção nas diferentes paredes são os dois modos de transferência de calor a calcular durante a simulação. A **figura 27** dá uma visão geral da geometria e das diferentes condições de fronteira.

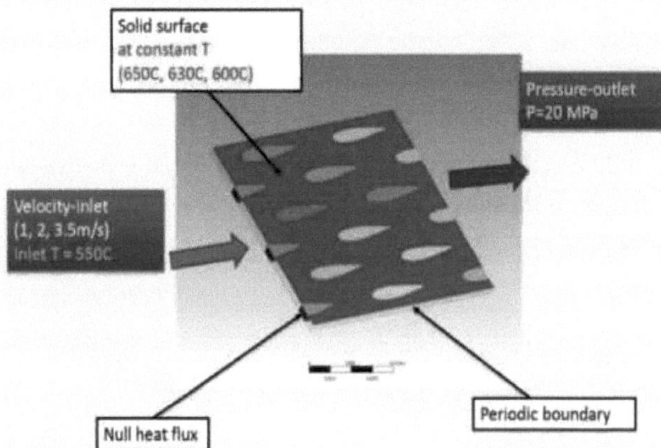

Figura 27: Geometria da célula unitária e condições de fronteira utilizadas para as simulações a alta temperatura e pressão

A Tabela 3 indica os diferentes parâmetros a variar durante o estudo numérico e os valores adoptados por estas variáveis para condições de alta temperatura e pressão. Relativamente aos dados experimentais, foram focados os pontos mais distantes (pressão, temperatura) para avaliar a precisão da simulação. No total, foram efectuadas 9 simulações para as situações de ponto crítico e 27 simulações para as condições de temperatura e pressão elevadas.

Passo lateral p/c	**0.2**	**0.25**	**0.375**
Temperatura de entrada [C]	550		
Pressão de saída [MPa]	20		
Velocidade de entrada [m/s]	1	2	3.5
Temperatura da parede [C]	600	630	650

Tabela 3: Diferentes condições de fronteira e parâmetros de estudo para as condições de alta temperatura e pressão

Cada simulação demora, em média, 40 minutos, apesar de ser utilizado o modelo de gás ideal. Com a utilização da REFPROP, o tempo de cálculo demoraria mais de uma hora. Entre outras razões, a simulação demora tanto tempo porque requer, de facto, duas simulações. Para obter resultados que representem com maior precisão o centro do permutador de calor, a velocidade de entrada não deve ser uniforme na secção de entrada. Por conseguinte, para cada simulação, o cálculo começa com uma velocidade constante na secção de entrada e, depois de atingir o estado estacionário, o perfil de velocidade de saída é carregado na entrada. Esta operação é justificada pelo facto de as secções de entrada e de saída estarem separadas por um número par de passos de eixo. A **figura 28** mostra o efeito desta operação.

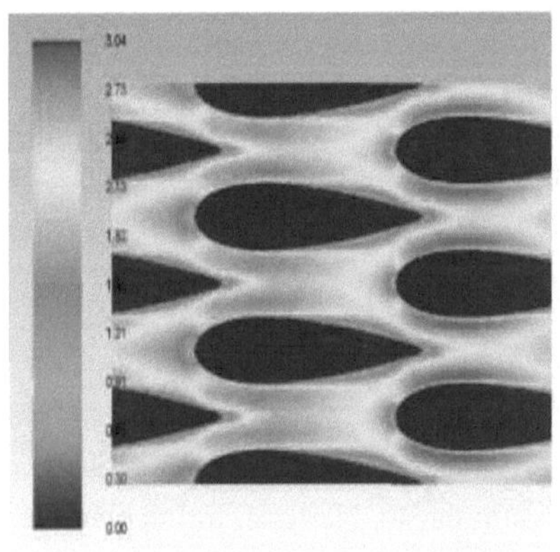

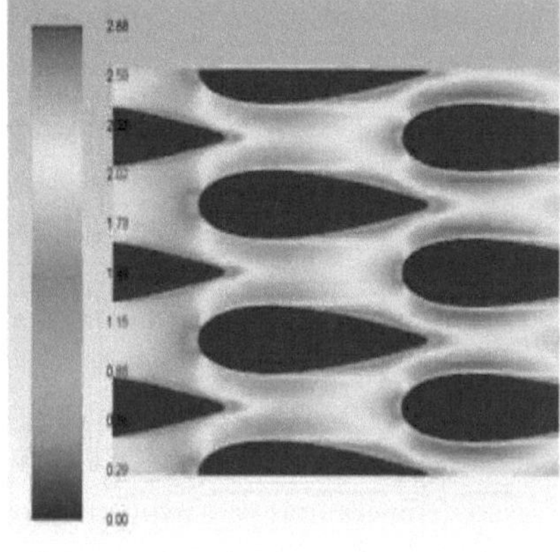

Figura 28: Carregamento do perfil de velocidade de entrada (esquerda: primeira convergência, direita: segunda convergência) (p/c=0,2, V=2m/s, Twall=630C)

A mesma preocupação foi enfrentada relativamente à temperatura de entrada. A temperatura não é uniforme na secção de entrada. Por conseguinte, após a primeira convergência e simultaneamente com o carregamento da velocidade, foi calculada a temperatura de saída média da área (T_{out_aver}). Em seguida, o perfil da temperatura de saída foi ponderado pelo fator $\left(\frac{T_{inlet}}{T_{out\_aver}}\right)$ onde Tinlet é a condição de fronteira de entrada. A **figura 29** mostra o efeito desta operação.

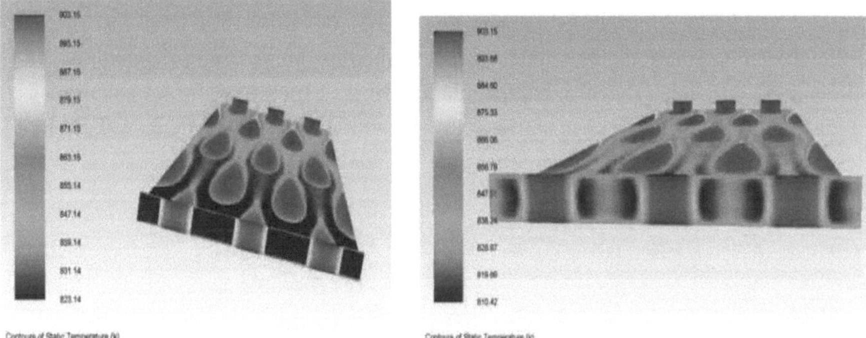

Figura 29: Ponderação do perfil de temperatura de entrada (esquerda: primeira convergência, direita: segunda convergência) (p/c=0,2, V=2m/s, Twall=630C)

D. PÓS-PROCESSAMENTO

Depois de efectuado o cálculo, o FLUENT oferece várias funcionalidades para o pós-processamento. As "integrais de superfície" possibilitam o cálculo da média de qualquer propriedade em qualquer superfície ou curva. Estão disponíveis diferentes opções para o cálculo da média, como a média da área ou a média do caudal. No entanto, a principal dificuldade encontrada foi a estimativa do coeficiente de transferência de calor (HTC), que é talvez a variável mais importante no nosso estudo. De facto, o FLUENT calcula o HTC de acordo com a **equação (6).**

$$h = \frac{Q}{T_{wall} - T_{ref}} \quad \textbf{(6)}$$

Onde Q é o fluxo de calor, Twall é a temperatura da parede e Tref é uma temperatura arbitrária fixada pelo utilizador.

Inspirado por um código de Função Definida pelo Utilizador (UDF) escrito por Eric Van Abel [3], foi chamada uma UDF para estimar a HTC. A ideia era dividir a célula unitária em múltiplas (10 para o código utilizado) subdivisões ao longo do eixo principal. Em seguida, em cada subdivisão, um loop sobre todas as células de fluido da subdivisão permitiu o cálculo de uma temperatura global (Tb) como a temperatura média do fluxo. Em seguida, em cada subdivisão, o HTC foi calculado de acordo com a equação **(7)**

$$h = \frac{Q}{T_{wall} - T_b} \quad (7)$$

Em seguida, foi estimada uma HTC média para toda a célula unitária.

E. RESULTADOS

1. APROXIMAÇÃO DAS PROPRIEDADES CONSTANTES

Uma vez obtidos os resultados, o modelo validado com um erro aceitável, foi efectuada uma avaliação da aproximação do gás ideal e das propriedades físicas constantes. De facto, foram efectuadas várias simulações utilizando a base de dados REFPROP. Em seguida, as propriedades físicas médias em volume (viscosidade, coeficiente de condução de calor e capacidade térmica específica) foram calculadas e definidas como propriedades constantes para as simulações de gás ideal. **A Tabela 4** indica os valores das propriedades constantes utilizadas nas simulações.

Condutividade térmica [W/m.K]	Viscosidade [Kg/m.s]	Capacidade térmica específica [J/Kg.K]
0.06569886	3.882E-05	1249.377

Tabela 4: Propriedades físicas constantes utilizadas no modelo de gás ideal

Foi estabelecida uma comparação entre os dados obtidos com o modelo de Gás Ideal e com a base de dados REFPROP para as mesmas condições de fronteira. A **tabela 5** abaixo resume os resultados.

Gás ideal
REFPROP
(%)-100* (Idealgas-REFPROP)/REFPROP

	Entrada	**Saída**	**A**
	20000112	20000000	112
Pressão (Pa)	20000112	20000000	112
	0	0	0
	853,02557	879,78058	-26,75501
Temperatura (K)	853,02673	880,00201	-26,97528
	-0,00	-0,03	-0,82
	paredes planas	**superfície dos perfis aerodinâmicos**	**aerofólios superiores e inferiores**

Taxa de transferência de calor (W)	66,842232	12,421756	12,434292
	66,25499	12,260703	12,258595
	0,89	1,31	1,43
	Superfície dos perfis aerodinâmicos	**Paredes planas**	**Líquido**
Tensão de cisalhamento da parede (Pa)	1,5691067	1,3325175	1,3674947
	1,5735605	1,3396053	1,3741931
	-0,28	-0,53	-0,49
Fluxo de calor total da superfície (W/m2)	62852,227	58675,789	59293,23
	62037,293	58160,41	58733,566
	1,31	0,89	0,95
Número de Prandtl	0,78023958	0,79817623	0,79552448
	0,77820772	0,79649955	0,79379529
	0,26	0,21	0,22

Tabela5: Comparação entre o modelo de gás ideal e a base de dados REFPROP para Twall=900K e P=20MPa

Com base na **Tabela 5,** nota-se uma boa concordância. Todos os resultados apresentaram um erro inferior a 1,5%. Este comportamento é justificado pelo carácter "gasoso" do s-CO2 longe do ponto crítico. O modelo de gás ideal está agora validado para escoamentos de s-CO2 a alta temperatura e pressão. Esta aproximação permitiu uma poupança de tempo significativa.

2. VERIFICAÇÃO DOS DADOS EXPERIMENTAIS

a) Experiência

Matt Carlson experimentou o desempenho das alhetas do aerofólio em torno do ponto crítico. A sua secção de teste consistiu em duas placas de aço inoxidável 316 com dimensões representativas de um permutador de calor de circuito impresso (0,5 m de canais de fluxo axial). O comprimento de transferência de calor é subdividido em 10 secções com blocos de arrefecimento de alumínio aparafusados ao exterior de cada placa. Os termopares tipo E são implantados no centro de cada sub-secção em cada placa, imediatamente acima dos canais de fluxo, em orifícios de 1 [mm]. A **figura 30** mostra a secção de ensaio e os blocos de arrefecimento.

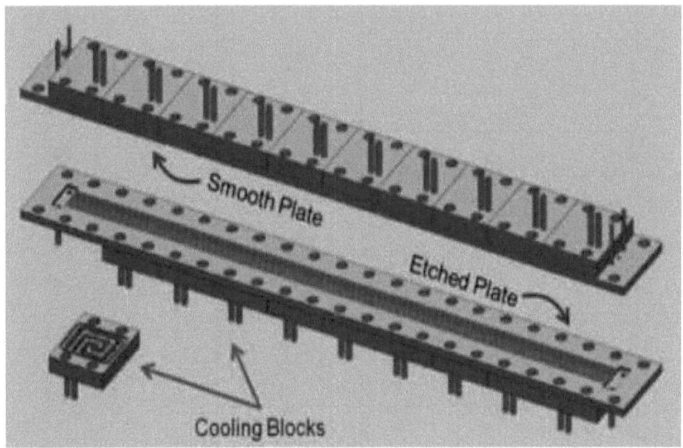

Figura 30: Modelo sólido do modelo da secção de ensaio e do conjunto do bloco de arrefecimento, de[8]

Durante cada medição, um programa de aquisição numérica guarda as temperaturas de entrada e de saída da água e o caudal mássico de cada bloco de arrefecimento, bem como a temperatura de entrada e de saída, a pressão e o caudal mássico do s-CO2. A instalação permitiu fixar a pressão e a temperatura do s-CO2. Foi também efectuada uma medição das temperaturas das paredes superior e inferior. A **figura 31** mostra os diferentes sensores colocados ao longo da secção de ensaio.

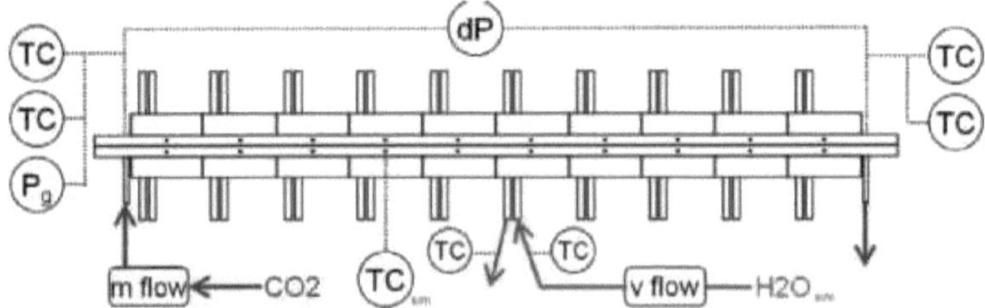

Figura 31: Diagrama da secção de ensaio com diferentes locais de medição, de [8]

b) Verificação de dados

Para avaliar a precisão do modelo numérico, decidiu-se simular com o modelo acima descrito o escoamento através de uma divisão da secção de ensaio. Todos os dados recolhidos por Matt Carlson foram verificados e foram selecionadas as nove pressões e temperaturas mais elevadas atingidas numa divisão. A temperatura de entrada, a pressão e o caudal mássico foram então implementados como condições de fronteira. A variação da temperatura da parede ao longo da divisão foi negligenciada.

Para comparação de resultados, dada a variação da temperatura da água no bloco de arrefecimento e o seu caudal mássico, foi calculado o fluxo de calor trocado com a água. O HTC foi então estimado assumindo um fluxo de calor constante. O HTC foi calculado como um HTC médio de um perfil de temperatura linear através da divisão. Finalmente, estes resultados experimentais foram comparados com os resultados previstos numericamente. **As tabelas 5** e **6** resumem a comparação.

Pressão [Mpa]	**T inIC]**	**Velocidade [m/s]**	**Q de medição [w/ma**	**Calc.Q [W/m2]**	**Medida/Calc (%)**	**Medida. H [W/in'2-K]**	**Calc. H [W/m'a-K]**	**Medida/Calc (%)**
7,4973	335,12	3,10	20216,98	22652,45	-12,05	2597,34	2197,43	15,40
7,503	358,22	2,81	30530,03	31794,75	-4,14	1606,42	1677,42	-4,42
7,5079	353,18	2,71	26569,01	28695,13	-8,00	1657,74	1723,66	-3,98
7,5143	363,21	2,89	34576,87	36633,50	-5,95	1564,35	1647,73	-5,33
8,0736	347,75	2,36	37787,44	32054,87	15,17	1876,05	1938,76	-3,34
8,0945	353,08	2,45	27396,14	33236,64	-21,32	1760,85	1861,81	-5,73
8,0993	348,11	2,35	26911,13	31936,44	-18,67	1849,42	1941,20	-4,96
8,1007	358,18	2,53	30532,43	37901,68	-24,14	1693,34	1809,61	-6,87
8,1132	363,22	2,61	49393,37	42047,23	14,87	1661,91	1765,64	-6,24
					-7,14			-2,83

Tabela 6: Comparação dos resultados da transferência de calor entre os dados numéricos e experimentais

Tanto o HTC como o fluxo de calor foram previstos dentro de um intervalo de erro aceitável. Verificou-se uma concordância aceitável entre o cálculo numérico e a experiência. Para todos os casos, as variáveis de transferência de calor foram previstas dentro de um intervalo de erro de ± 20% em geral. Em média, os cálculos subestimaram o fenómeno de transferência de calor. Dada a natureza transiente dos resultados CFD, a incerteza experimental e a elevada variabilidade das propriedades do escoamento, estes resultados confirmam a utilidade do estudo de simulação.

Pressão[Mpa]	**T in[C]**	**Velocidade [m/s]**	**Med. dP/L [Pa/m]**	**Calc. dP/L [Pa/m]**	**Medição/Cálculo**
7,4973	335,12	3,10	23334,40	1156,49	
7,503	358,22	2,81	17835,60	2093,33	
7,5143	363,21	2,89	16895,80	2025,62	
8,0736	347,75	2,36	11285,80	2418,12	
8,0945	353,08	2,45	13105,80	2384,71	

8,0993	348,11	2,35	12813,60	2504,53
8,1007	358,18	2,53	13104,40	2292,54
8,1132	363,22	2,61	12725,20	2274,57

Quadro 7: Comparação dos resultados hidráulicos entre os dados numéricos e experimentais

Improvavelmente, a concordância com os dados experimentais é inexistente no que respeita à estimativa da perda de carga. Isto deve-se principalmente ao facto de se negligenciarem completamente os efeitos de fronteira. Na simulação, o atrito nas paredes laterais não é considerado. Para além disso, a restrição e a curvatura do fluxo na entrada da placa não são tidas em consideração numericamente. Todas estas diferenças fizeram com que a perda por atrito prevista fosse inferior à experimental por um fator médio de 0,15.

3. PREVISÕES DE ALTA TEMPERATURA E PRESSÃO

Os 27 casos numéricos executados a 20MPa e para temperaturas de parede que variam de 600°C a 650°C apresentam uma base de dados interessante para a avaliação das capacidades CFD. O Apêndice B resume os resultados interessantes para todos os casos simulados nestas condições.

A **figura 32** dá uma ideia da distribuição da velocidade, da pressão e da temperatura no plano médio da célula unitária. Não foi detectada qualquer separação do fluxo ou variação de propriedades específicas. As distribuições de velocidade, temperatura e pressão foram praticamente as mesmas para as três geometrias testadas.

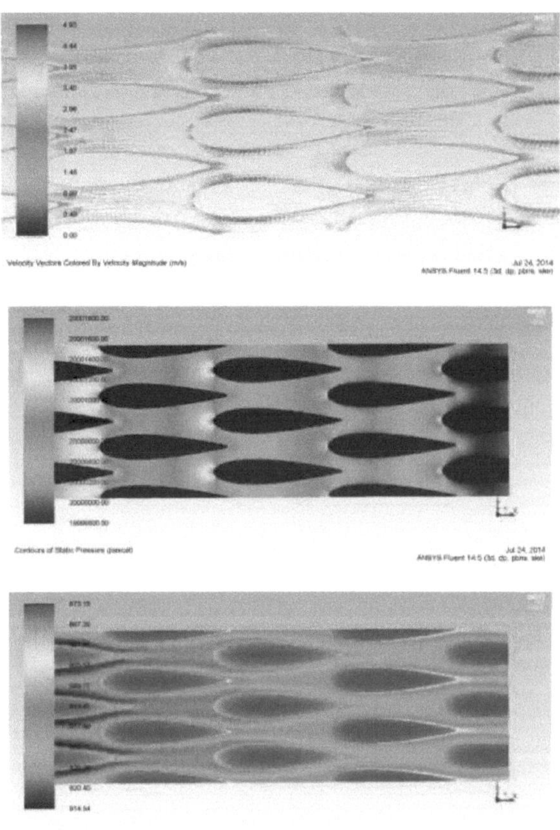

Figura 32: Contornos do plano médio da velocidade, pressão e temperatura (de cima para baixo) para p/c=0,2, V=3,5m/s e Twall=600°C

a) Desempenho da transferência de calor

Não existem correlações disponíveis para a geometria das alhetas de aerofólios. Por conseguinte, afigurou-se de grande interesse investigar de que forma os dados numéricos se poderiam ajustar às correlações mais adequadas. Uma das mais famosas correlações de turbulência é a correlação de Dittus-Boelter [16], expressa na equação **(8)**. Esta equação é geralmente utilizada com o coeficiente de 0,023, mas em vários casos, e dependendo da geometria considerada, este coeficiente tem de ser variado de modo a adaptar-se melhor aos dados disponíveis.

$$Nu = 0,023.\ ^{Re(0\ 8)}.\ Pr^{n} \quad (8)$$

n = 0,3 *(modo de arrefecimento)/0A (modo de aquecimento, que é o nosso caso')*

Em que Nu e Pr são, respetivamente, os números de Reynolds e de Prandtl definidos como

$$Nu = \frac{hD}{k} \; and \; Pr = \frac{\mu C_p}{k}$$

Onde h é o coeficiente de transferência de calor, D o diâmetro hidráulico, k a condutividade térmica, *g* a condutividade dinâmica e C_p a capacidade térmica específica.

A **figura 33** é um gráfico de Nu em função do número de Reynolds para todos os casos. No mesmo gráfico, os dados foram ajustados com a correlação de Dittus-Boelter após o ajuste do coeficiente para o valor de 0,0367. Este aumento do coeficiente deve-se ao melhor desempenho da geometria das alhetas do aerofólio. Para além disso, utilizando a ferramenta de ajuste Excel, foi obtido um melhor ajuste com uma relação de lei de potência dada na equação (9).

$$Nu \text{ " } 0{,}6245 * R_e^{0A788} \; (9)$$

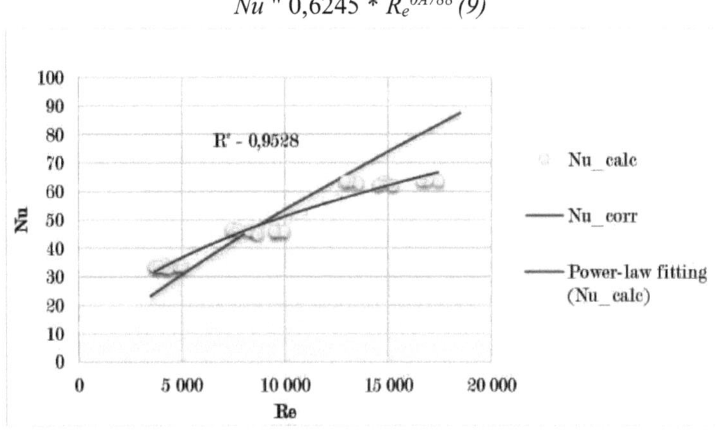

Figura 33 Ajuste do número de Nusselt dos perfis aerodinâmicos com a forma de correlação de Dittus-Boelter

b) Desempenho hidráulico

O mesmo trabalho feito com os dados de transferência de calor foi realizado com os dados de perda de carga. Conforme proposto por Nellis e Klein [17], foi utilizada a correlação do escoamento turbulento em condutas aerodinamicamente lisas, originalmente proposta por Petukhov em 1970. Esta correlação é dada na equação (**10**). Foi fixado um coeficiente de ajustamento de 0,148 para melhor se adaptar aos dados. Este pequeno coeficiente comparado com 1 sugere uma perda de carga muito baixa em comparação com os resultados das condutas lisas. Embora se saiba que as alhetas do aerofólio são significativamente eficientes na minimização da perda de carga, este coeficiente tem de ser tomado com reserva, lembrando que os dados experimentais tiveram de ser ponderados por um coeficiente médio muito próximo (0,15) para se ajustarem aos dados da simulação. Estes dois coeficientes de ajustamento são coerentes.

$$f = \frac{1}{[0.79 \log(Re) - 1.64]^2} \ \textbf{(10)} \quad ; \quad \Delta p = f.\left(\frac{L}{D}\right)\left(\frac{\rho v^2}{2}\right) \ \textbf{(11)}$$

Onde *f* é definido de acordo com a equação (**11**), *p* é a densidade aparente do fluido, *v* é a sua velocidade aparente, L é o comprimento axial da secção, D é o diâmetro hidráulico eΔp é a perda de carga.

A **figura 34** é um gráfico do fator de atrito em função do número de Reynolds para os dados numéricos, a correlação e uma relação de ajuste de lei de potência (melhor lei de relação obtida pelo Excel). A equação da curva de ajuste de potência-baixa é dada na equação (**12**).

$$f \approx \frac{12.799}{Re^{0.572}} \ \textbf{(12)}$$

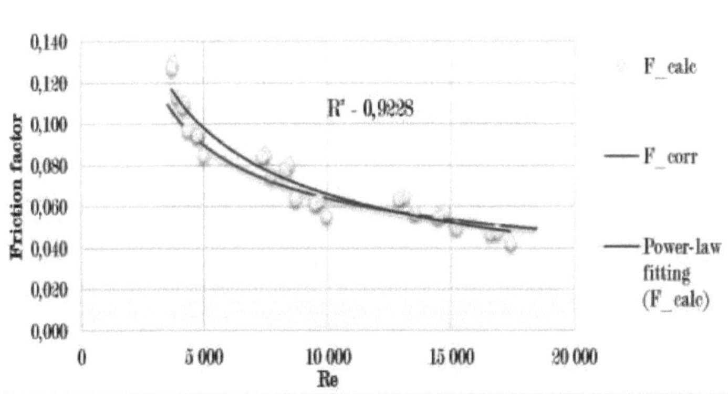

Figura 34 Ajuste do fator de atrito dos perfis aerodinâmicos com a forma de correlação de Petukhov

c) Efeito de inclinação lateral

Foram concebidas três geometrias diferentes, fixando três relações de passo lateral (p/c=0,375, 0,25 e 0,2). Este enfoque em pequenas proporções foi orientado por um estudo mecânico preliminar realizado por Ian Jantz (o segundo aluno de pós-graduação a trabalhar no projeto NEUP). O seu estudo em curso está a investigar as tensões mecânicas a que a geometria é submetida, a fim de garantir a integridade do protótipo do permutador de calor a construir. A **figura 35** mostra as tensões mecânicas exercidas sobre a geometria em função do passo lateral. Uma vez que a tensão máxima aparece sempre no canto dos aerofólios (onde se atinge a curvatura mínima), tem-se arredondado propositadamente o canto do aerofólio. O presente estudo mostra que as configurações com pequenas inclinações laterais podem ser de maior interesse, uma vez que as tensões máximas exercidas são significativamente mais baixas.

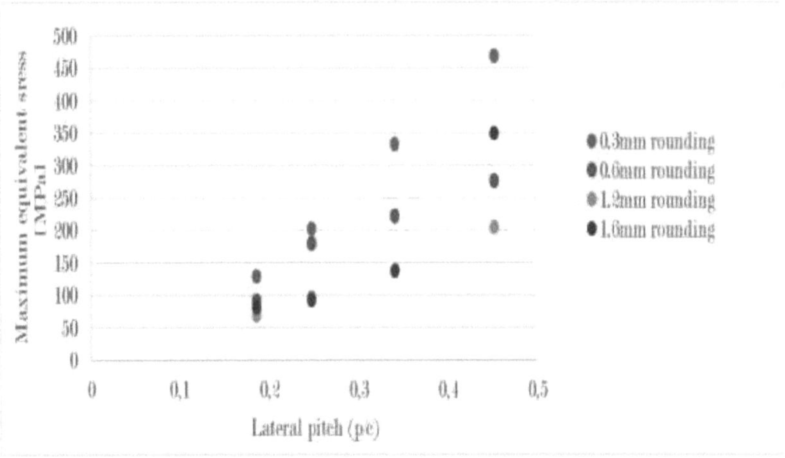

Figura 35 Tensões de pico (localizadas no bordo de fuga do aerofólio)

Do ponto de vista do permutador de calor, as diferentes geometrias têm de ser comparadas de acordo com as suas capacidades de transferência de calor versus a consequente perda de carga. Por esta razão, a **figura 36** mostra um gráfico do fator de atrito em função do número de Nusselt para as três geometrias.

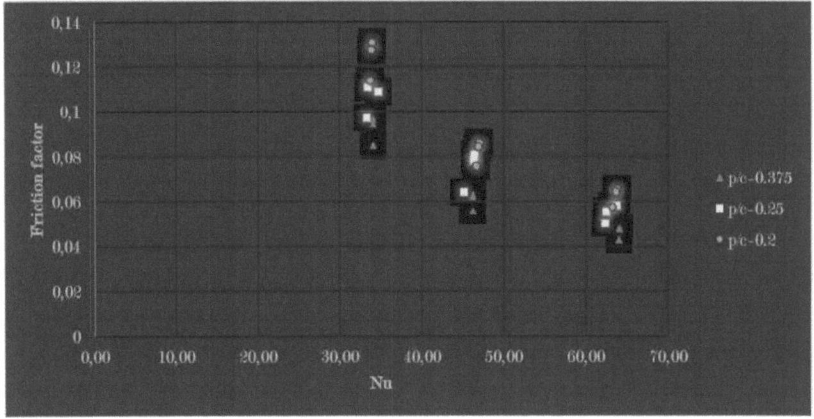

Figura 36 Efeito do passo lateral no desempenho da geometria do aerofólio NACA0020

Os efeitos notáveis são os seguintes:

- Aparecem três regiões pontuais no eixo do número de Nusselt. Estas correspondem às três temperaturas diferentes da parede. O número de Nusselt não varia significativamente na gama de velocidades consideradas.
- A diminuição do fator de atrito da esquerda para a direita é explicada pelo

aumento da temperatura da parede e, consequentemente, da temperatura da massa. A densidade do fluxo diminui, o que limita a queda de pressão.

- Ao aumentar o passo lateral, os fluxos enfrentam mais obstáculos por unidade de área de secção transversal e o fator de atrito aumenta.
- Não é possível tirar conclusões gerais sobre o desempenho do fluxo de calor, exceto o facto de a geometria 0,25 parecer ser ligeiramente menos eficiente do que as outras duas, o que não tem uma explicação física óbvia. É necessário efetuar mais simulações para confirmar esta observação.
- Dependendo das condições de funcionamento, o gráfico acima mostra que o mesmo fator de atrito pode ser alcançado para dois passos laterais diferentes (pontos sobrepostos), o que significa que a área da superfície de transferência de calor pode ser aumentada sem aumentar a queda de pressão.

A **figura 37** mostra um fator de eficiência (equação **13**) que tem em conta a variação da área disponível para a transferência de calor. A eficiência aumenta com o número de Reynolds para todas as geometrias. Parece que diminuindo o passo lateral, a mesma eficiência pode ser alcançada com um número de Reynolds mais baixo. Esta hipótese é menos verdadeira para números de Reynolds baixos.

$$efficiency\ factor = \left(\frac{N_u}{f}\right)\left(\frac{D}{L}\right) \quad \textbf{(13)}$$

Em que D é o diâmetro hidráulico e L é o comprimento da secção

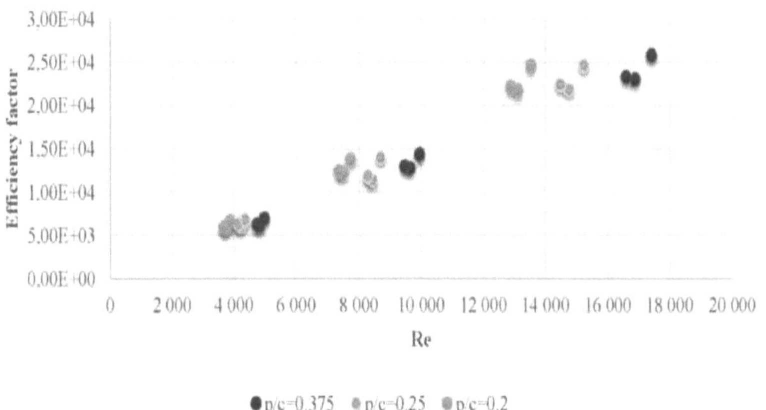

Figura 37: Comparação da eficiência das três geometrias

CONCLUSÃO

Ninguém pode negar o potencial do ciclo Brayton s-CO2 na produção de eletricidade a partir de uma fonte nuclear, especialmente para saídas de alta temperatura (acima de 550°C). A principal preocupação continua a ser o elevado custo dos componentes do ciclo, em particular dos permutadores de calor. Neste domínio, foram alcançados progressos significativos desde o desenvolvimento comercial dos permutadores de calor de circuito impresso. Foram atingidas eficiências de 0,98. No entanto, devem ser prosseguidos os esforços de investigação de novas concepções que atinjam a mesma eficiência mas a custos mais baixos.

O presente estudo centrou-se na geometria das alhetas do aerofólio. Foi considerado o perfil NACA0020 com corda de 8,1mm. Foi criado um modelo numérico utilizando o ANSYS FLUENT para simular três geometrias diferentes, diferenciadas pelo passo lateral entre os aerofólios. O modelo numérico mostrou concordâncias encorajadoras com dados experimentais anteriores recolhidos perto do ponto crítico. Além disso, os resultados foram ajustados com precisão às correlações existentes após o ajuste do coeficiente de multiplicação. Foram propostas diferentes correlações baseadas na relação lei/potência. Estas correlações têm de ser testadas com mais simulações para diferentes inclinações laterais. Este estudo pode ser complementado com medições experimentais nas condições de alta temperatura e pressão de interesse.

Além disso, seria interessante utilizar estas correlações propostas na modelação do permutador de calor de dois fluxos e obter uma eficiência global de permuta de calor. Em seguida, com base nesta eficiência, pode ser procurada uma temperatura de funcionamento óptima. Estas correlações podem poupar tempo, esforço e dinheiro ao ajudar a conceber o melhor projeto de permutador de calor de aerofólios e as melhores condições de funcionamento.

Referências

DoE, U. A technology roadmap for generation IV nuclear energy systems. in Nuclear Energy Research Advisory Committee and the Generation IV International Forum. 2002.

V. Dostal, M. J. Driscoll e P. Hejzlar, "A Supercritical Carbon Dioxide Cycle for Next Generation Nuclear Reactors," Massachusetts Institute of Technology - Advanced Nuclear Power Technology Program, Cambridge, MA, 2004.

Eric N. Van Abel, "Computational studies on fluid flow and heat transfer of supercritical carbon dioxide in Printed Circuit Heat Exchangers", Mestrado em Ciências, 2011.

Alan Michael Kruizenga, "Heat transfer and pressure drop measurements in prototypic heat exchangers for the supercritical carbon dioxide Brayton cycles", Doutor em Filosofia, 2010.

Jackson, J. D., e Hall, W. B., 1979, "Forced Convection Heat Transfer to Fluids at Supercritical Pressure," Institution of Mechanical Engineers, Conference Publications, pp. 563-611.

J. E. Hesselgreaves, Compact Heat Exchangers, Kidlington, Oxford: Elsevier Science, 2001, p. 398.

Q. Li, G. Flamant, X. Yuan, P. Neveu e L. Luo, "Compact heat exchangers: A review and future applications for a new generation of high temperature solar receivers," Renewable and Sustainable Energy Reviews, vol. 15, no. 9, pp. 4855-4875, 2011.

Matthew D. Carlson, "Medição e análise do desempenho térmico e hidráulico de várias geometrias de canais de permutadores de calor de circuitos impressos", Mestrado em Ciências, 2012.

Sai K. Mylavarapua, Xiaodong Suna, Richard N. Christensena, Raymond R. Unocicb, Richard E. Glosupa e Mike W. Pattersonc, "Fabrication and design aspects of high- temperature compact diffusion bonded heat exchangers", Nuclear engineering and design, agosto de 2011.

D. S. Miller, Sistemas de Escoamento Interno, BHRA Fluid Engineering, 1978.

I. E. Idel'chik e E. Friied, Handbook of hydraulic resistance, 2ª ed., Washington: Hemisphere Pub. Corp., 1986.

Tsuzuki, N., Kato, Y., Ishiduka, T. (2007). Permutador de calor de circuito impresso de alto desempenho. Applied Thermal Engineering, v. 27, 1702-1707.

Ngo, T.L., Kato, Y., et al. (2007). Correlações de transferência de calor e queda de pressão de trocadores de calor de microcanais com aletas em forma de S e em ziguezague para ciclos de dióxido de carbono. Experimental Thermal and Fluid Science, v. 32, 560-570.

Kim, D.E., Kim, M.H., et al. (2008). Investigação numérica do desempenho termo-hidráulico de um novo modelo de permutador de calor em circuito impresso. Nuclear Engineering and Design, v. 238, 3269-3276.

E. W. Lemmon, M. L. Huber, e M. O. Mclinden, "NIST Reference Fluid Thermodynamic and Transport Properties-REFPROP," Boulder, Colorado,

2007.

F. W. Dittus e L. Boelter, "Heat Transfer in Automobile Radiators of the Tubular Type," International communications in heat and mass transfer, vol. 12, no. 1, pp. 3-22, 1985.

Gregory Nellis e Sanford Klein, Transferência de Calor, 2009

APÊNDICE
DADOS DE ALTA TEMPERATURA E PRESSÃO

p/c	Dh [m]	V [m/s]	Twall [K]	h [W/m2K]	dP [Pa]	Rho [Kg/m3]	Densidade [kg/m3]	Re	Pr	Nu_calc	F_calc
0,375	0,001604056	1	923,15	1395,422	98	121,22	116,74	4823,74	0,81	34,07	0,10
	0,001604056	1	903,15	1394,629	94	122,62	114,64	4736,96	0,81	34,05	0,09
	0,001604056	1	873,15	1394,549	89	124,79	120,43	4976,21	0,81	34,05	0,09
	0,001604056	2	923,15	1891,732	255	121,22	116,74	9647,48	0,82	46,19	0,06
	0,001604056	2	903,15	1891,537	247	122,62	114,64	9473,93	0,82	46,18	0,06
	0,001604056	2	873,15	1891,66	234	124,79	120,43	9952,42	0,82	46,19	0,06
	0,001604056	3,5	923,15	2624,023	600	121,22	116,74	16883,08	0,83	64,07	0,05
	0,001604056	3,5	903,15	2622,934	582	122,62	114,64	16579,38	0,83	64,04	0,05
	0,001604056	3,5	873,15	2620,451	552	124,79	120,43	17416,73	0,83	63,98	0,04
0,25	0,001401052	1	923,15	1565,542	129	121,22	116,74	4213,26	0,81	33,39	0,11
	0,001401052	1	903,15	1628,01	124	122,62	114,64	4137,47	0,81	34,72	0,11
	0,001401052	1	873,15	1560,714	116	124,79	120,43	4346,44	0,81	33,28	0,10

	0,001401052	2	923,15	2176,44	376	121,22	116,74	8426,52	0,82	46,41	0,08
	0,001401052	2	903,15	2174,553	356	122,62	114,64	8274,94	0,82	46,37	0,08
	0,001401052	2	873,15	2117,408	307	124,79	120,43	8692,88	0,82	45,15	0,06
	0,001401052	3,5	923,15	2990,46	824	121,22	116,74	14746,42	0,83	63,77	0,06
	0,001401052	3,5	903,15	2929,917	773	122,62	114,64	14481,15	0,83	62,48	0,06
	0,001401052	3,5	873,15	2922,997	737	124,79	120,43	15212,53	0,83	62,33	0,05
	0,001246305	1	923,15	1791,317	171	121,22	116,74	3747,90	0,80	33,98	0,13
	0,001246305	1	903,15	1786,152	163	122,62	114,64	3680,48	0,80	33,88	0,13
	0,001246305	1	873,15	1777,718	153	124,79	120,43	3866,37	0,80	33,72	0,11
	0,001246305	2	923,15	2478,164	449	121,22	116,74	7495,81	0,81	47,01	0,09
0,2	0,001246305	2	903,15	2470,839	432	122,62	114,64	7360,97	0,81	46,87	0,08
	0,001246305	2	873,15	2458,695	407	124,79	120,43	7732,74	0,81	46,64	0,08
	0,001246305	3,5	923,15	3364,813	1047	121,22	116,74	13117,66	0,82	63,83	0,07
	0,001246305	3,5	903,15	3355,957	1006	122,62	114,64	12881,70	0,82	63,66	0,06
	0,001246305	3,5	873,15	3332,939	945	124,79	120,43	13532,30	0,82	63,23	0,06

Printed by Books on Demand GmbH, Norderstedt / Germany